故障电弧检测技术与应用

卢其威 著

电子工业出版社
Publishing House of Electronics Industry
北京·BEIJING

内 容 简 介

在交直流供电系统中，故障电弧是引起电气火灾的重要因素之一。近些年，中国、国际电工技术委员会及美国均发布了相关产品标准。故障电弧的检测技术已成为学术研究热点方向之一。本书总结了故障电弧的一些特点及故障电弧的检测方法，同时对几个主要的故障电弧检测产品标准进行了对比分析。全书共 8 章。第 1 章为绪论；第 2 章介绍了电弧的特性及电弧模型；第 3 章介绍了不同负载下交流故障电弧对线路电流的影响；第 4 章介绍了基于线路电流高频分量及随机性的故障电弧检测；第 5 章介绍了基于小波变换和奇异值分解的串联故障电弧检测方法；第 6 章在分析直流故障电弧对线路电流影响的基础上，介绍了基于线路电流和供电电压的直流串联故障电弧检测方法；第 7 章结合当前交直流故障电弧发展趋势，介绍了几种基于人工智能技术的典型交直流故障电弧的检测方法；第 8 章介绍了故障电弧检测与保护产品标准。

本书适合电气专业、消防工程专业的研究生及相关工程技术人员阅读和参考。

未经许可，不得以任何方式复制或抄袭本书之部分或全部内容。
版权所有，侵权必究。

图书在版编目（CIP）数据

故障电弧检测技术与应用 / 卢其威著. —北京：电子工业出版社，2020.5
ISBN 978-7-121-39052-4

Ⅰ. ①故… Ⅱ. ①卢… Ⅲ. ①电器－电弧－检测 Ⅳ. ①TM501

中国版本图书馆 CIP 数据核字（2020）第 095010 号

责任编辑：徐蔷薇　　文字编辑：崔彤
印　　刷：北京虎彩文化传播有限公司
装　　订：北京虎彩文化传播有限公司
出版发行：电子工业出版社
　　　　　北京市海淀区万寿路 173 信箱　　邮编：100036
开　　本：720×1 000　1/16　印张：13.25　字数：190 千字
版　　次：2020 年 5 月第 1 版
印　　次：2024 年 1 月第 5 次印刷
定　　价：89.00 元

凡所购买电子工业出版社图书有缺损问题，请向购买书店调换。若书店售缺，请与本社发行部联系，联系及邮购电话：（010）88254888，88258888。
质量投诉请发邮件至 zlts@phei.com.cn，盗版侵权举报请发邮件至 dbqq@phei.com.cn。
本书咨询联系方式：（010）88254755，cuit@phei.com.cn。

前 言

故障电弧是引起低压电气火灾的重要诱因之一。为了减少因故障电弧导致的电气火灾数量，提高供电安全，在电气线路中安装可靠的故障电弧保护装置——故障电弧断路器是必不可少的手段。因此，中国、国际电工委员会及美国先后颁布了故障电弧断路器的产品标准。而故障电弧检测技术是故障电弧断路器的核心，目前已成为电气工程领域的研究热点之一。

我国自2014年至今已颁布了两个与交流故障电弧相关的产品标准。可以预见，随着我国对电气安全、电气火灾的重视，故障电弧检测与保护产品将有广阔的应用前景。因此，为帮助相关工程技术人员和学生更好地了解故障电弧及其检测技术，并在此基础上进一步提出更好的故障电弧检测方法，笔者撰写了本书。

本书总结了电弧的相关物理特性、伏安特性，并结合不同负载类型的电弧在线路中对电流的影响进行了深入分析，在此基础上，介绍了一些经典的和新兴的故障电弧检测方法，同时对三个主流的故障电弧相关产品标准的技术要求和实验方法进行了对比分析。当前，关于故障电弧检测的书籍还很少，希望本书能够抛砖引玉，在推动故障电弧检测技术的传播及提高我国故障电弧检测与保护技术水平方面发挥积极作用。

故障电弧检测方法很多，涉及内容非常广，因笔者水平和能力有限，书中难免存在一些错误和介绍不清楚的地方，敬请各位读者指正。

卢其威
2020年1月

目 录

第1章 绪论 1

    1.1 电弧的定义 1

    1.2 故障电弧及其危害 2

    1.3 故障电弧检测技术研究现状 6

第2章 电弧的特性及电弧模型 10

    2.1 电弧的物理特性 10

        2.1.1 电弧的组成 10

        2.1.2 电弧的温度 13

        2.1.3 电弧的直径 14

        2.1.4 电弧的弧根和斑点 15

        2.1.5 电弧的等离子流 16

        2.1.6 电弧的能量平衡 17

        2.1.7 弧隙电压的恢复 20

    2.2 电弧的伏安特性 21

        2.2.1 电弧的电压方程 22

        2.2.2 气体放电时的伏安特性 23

2.2.3　直流电弧的伏安特性 25

　　　2.2.4　交流电弧的伏安特性 29

2.3　电弧数学模型 31

2.4　本章小结 36

第3章　不同负载下交流故障电弧对线路电流的影响 37

3.1　交流故障电弧相关电气特性分析 37

3.2　纯阻性负载下故障电弧对线路电流及电压和电流关系的
　　　影响分析 39

3.3　整流电路+电容滤波类负载下故障电弧对线路电流及电压
　　　和电流关系的影响分析 41

3.4　感性负载下故障电弧对线路电流及电压和电流关系的
　　　影响分析 44

3.5　故障电弧对几种民用负载下的电流波形影响分析 47

3.6　本章小结 55

第4章　基于线路电流高频分量及随机性的故障电弧检测 56

4.1　故障电弧检测的硬件原理 56

4.2　电弧特征的检测 58

　　　4.2.1　线路电流高频分量及其随机性特征的检测 58

　　　4.2.2　电流脉冲特征检测 61

　　　4.2.3　负载切换与电弧特征的辨别 66

V

4.2.4 故障电弧的检测算法实现 68

4.3 基于电流信号频谱数字化处理的检测方法 70

4.4 本章小结 77

第5章 基于小波变换和奇异值分解的串联故障电弧检测方法 78

5.1 小波变换和奇异值分解 79

    5.1.1 小波变换的基本原理 79

    5.1.2 奇异值分解的基本理论 81

5.2 串联故障电弧的特征提取算法 82

    5.2.1 数据预处理 82

    5.2.2 特征矩阵的构造 83

    5.2.3 特征参数的定义 83

5.3 串联故障电弧模拟实验 84

5.4 实验验证结果与分析 90

5.5 本章小结 98

第6章 基于线路电流和供电电压的直流串联故障电弧检测方法 99

6.1 直流串联故障电弧检测方法分析 99

6.2 不同电弧间隙下电弧伏安特性对线路电流影响分析 102

    6.2.1 电弧的伏安特性对线路电流有效值的影响 102

    6.2.2 电弧的伏安特性对线路电流动态变化的影响 108

6.3 电弧的伏安特性对电源电压交流分量的影响 109

    6.3.1 DC-DC 变换器 109

    6.3.2 光伏电源 111

6.4 直流故障电弧检测方法 114

6.5 实验与分析 116

    6.5.1 DC-DC 变换器实验 117

    6.5.2 恒功率负载实验 123

    6.5.3 光伏电源实验 125

6.6 本章小结 130

第 7 章 典型交直流故障电弧的检测方法分析 131

7.1 小波变换能量与神经网络结合的串联型故障电弧检测方法 131

7.2 基于电流信号及支持向量机的负载识别和故障电弧检测方法....134

    7.2.1 故障电弧电流特征提取 134

    7.2.2 负载识别和故障电弧检测 137

7.3 基于供电电压波形分析的故障电弧检测方法 138

7.4 基于信息维数和"零休"时间的故障电弧检测方法 141

7.5 基于时域和频域特性分析及人工神经网络的故障电弧检测方法 144

7.6 一种针对光伏系统的直流故障电弧检测方法 149

7.7 基于时域和时频域分析的小波变换直流故障电弧检测方法 154

7.8 一种基于机器学习的直流串联故障电弧诊断方案 158

7.9 本章小结 161

第8章 故障电弧检测与保护产品标准分析 162

8.1 相关标准的报警或保护时间要求 163

8.2 相关标准对故障电弧检测的主要实验方法 165

  8.2.1 串联故障电弧实验 165

  8.2.2 并联故障电弧实验 172

  8.2.3 误报警实验 178

  8.2.4 抑制性负载屏蔽实验 183

  8.2.5 EMI 滤波器抑制及线路阻抗抑制屏蔽实验 187

8.3 本章小结 192

参考文献 193

第1章 绪 论

1.1 电弧的定义

电弧是气体放电的一种形式。在正常状态下，气体有良好的电气绝缘性能，但当气体间隙两端电场足够大时，电流就会流过气体，这种现象称为气体放电[1]，气体放电又分为非自持放电和自持放电。电流流过气体的前提是存在向电极迁移的运动载流子，一般当电极上或气体间隙中的这些运动载流子由外部补充时，就称为非自持放电[2]。当气体间隙两端的电位差足够大时，电流将迅速增大到较大数值（还受电路电阻和电源功率的限制），气体开始发光，气体间隙的两个电极开始变得炽热，并在气体放电时发出声响，这种性质上的转变称为气体间隙的击穿，其所需的电位差称为击穿电压。此时由于电场的支持，在气体间隙中可不断补充新的载流子，放电不会停止，故称为自持放电。自持放电包括黑暗放电、辉光放电、电晕放电、火花放电、电弧放电等多种形式。电弧是自持放电的一种形式，它可以由自持放电的其他放电形式转变而成，因此电弧可以认为是导体之间的气体在电场作用下被贯穿性击穿导致的一种发光放电现象，是气体放电的最终表现方式。与其他放电形式相比，电弧放电的特点是电流密度更大[3]。

在具体电路中，当两个带电导体将接触或者开始分离时，只要两者之间电压达到12~20V、电流达到0.25~1A，在两个带电导体间隙内就会产生电弧[4]。在实际工作生活中，很多场合会产生电弧，例如，在正常工作的电路里，当机械开关开通或者关断时，从插座上插拔插头时，等等。一般情况下，电弧是有害的，电弧产生的高温会使触头表面产生烧损、熔焊从而影响触头寿命，电弧电流中包含大量高次谐波分量，会对一些敏感用电设备的运行产生干扰，但是合理地利用电弧可以造福于人们。比如，电弧具有强光和很高的热力学温度，电弧中心温度可以达到 5000～15 000℃[5]，通过有效控制并利用电弧发光发热的特点，人们已将电弧应用在照明、喷涂、焊接、切割、熔炼等多个工业场合[4]。在开关电器设备中，利用电弧可以防止产生过高的过电压和限制故障电流。在混合式固态断路器中，还可以利用机械触点之间电弧产生的电压实现电流向其他固态开关支路的快速转移。

根据文献记载，人类对电弧的研究最早可追溯到 1803 年俄国科学家彼得罗夫发现电弧，但是在发现电弧后的 100 年里关于电弧的研究成果并不多。此后，电弧理论随着整流装置、电焊、电冶金及开断电器的不断发展而完善。针对不同场合，人们对电弧的研究关注点不同，例如，研究如何有效利用电弧，研究如何减小电弧产生的危害，等等。到目前为止，针对电弧理论及其相关研究已经产生了大量的研究成果。

1.2　故障电弧及其危害

故障电弧是由自然或人为原因导致的电气线路或设备中绝缘老化破损、电气连接松动、电压和电流急剧升高等，进而引起空气击穿所导致的气体游离放电现象[6]。根据故障电弧在电路中发生的位置对其进行分类，可分为串联故障电弧、并联故障电弧和接地故障电弧，如图 1-1 所示。

串联故障电弧的发生位置与负载串联,电弧电流流过负载,如图1-1(a)所示;并联故障电弧是与负载并联的电弧,其电流流过带电导体之间,并不流过负载,如图1-1(b)所示;接地故障电弧的电流从带电导体流入大地,如图1-1(c)所示[7]。

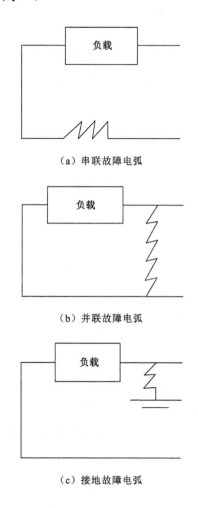

(a)串联故障电弧

(b)并联故障电弧

(c)接地故障电弧

图1-1 三种故障电弧类型发生位置示意图

在低压配电系统中,沿着绝缘体部分导电表面及非常接近的两个电极之间都有可能发生电弧故障。当绝缘体长期受热或发生偶然性电火花时，容易造成绝缘表面碳化而形成电弧通道。带电导体接触接地导体，或者导体绝缘层被尖锐的金属体割伤同样也会产生电弧。故障电弧因意外而产生，而且电弧在发生时会产生大量的热，往往表现为在一段时间内连续或者断续发生多次，极易使线路的绝缘层过热分解形成可燃气体，引燃周围的可燃物，发生电气火灾。

美国国家消防协会在 2008 年 3 月的《牵涉电气配线及照明设备的住宅建筑物火灾》报告中指出：2002—2005 年，全美平均估计每年有 20 900 起牵涉电气配线及照明设备的住宅建筑火灾，大约一半的火灾是由故障电弧引起的[8]。美国消防局的年度火灾报告显示，2014—2016 年发生电气火灾 24 000 起，导致 310 人死亡、850 人受伤、8.71 亿美元损失，其中 67%伤亡和损失是由故障电弧导致的[9]。

在我国，据公安部消防局统计，近年来电气火灾占火灾比例约为 30%，且呈现上升趋势，电气火灾数量已居各类火灾之首。2011—2017 年我国电气火灾总数逾 60 万起，超过 3500 人在电气火灾中丧生，经济损失达 100 亿元以上。而研究表明，故障电弧是电气火灾的重要诱因，由故障电弧引起的电气火灾事故数量要远多于由导体间金属性短路引起的电气火灾数量[10]。

现有的电气保护装置如断路器或漏电保护器等可有效防止发生短路、过载或触电事故，但无法识别故障电弧。因此，故障电弧导致的火灾事故更具有隐蔽性，由此导致的安全隐患更为突出。为了实现对故障电弧的有效防护，降低故障电弧引发的火灾事故，20 世纪 90 年代，美国首先开始研究故障电弧的检测与保护技术[5, 11-14]，1999 年美国安全监测实验室公司（Underwriters Laboratories Inc，UL）就制定了相应的产品标准，即《故障电弧断路器》（UL—1699）[15]，并要求特定场所必须安装故障电弧断路器。美国国家电气规程（National Electrical Code，NEC）于 1999 年提出：家庭卧室插座的供电支路均要使用电弧故障断路器

（Arc Fault Circuit Interrupter，AFCI）；2004 年，NEC 又进行了一次规定：在美国国内售卖的全部空调设备都一定要装配具备电弧故障保护功能的空调电源插头；NEC 在 2008 年进一步要求：在新的家庭住宅中，所有的支路都要使用 AFCI。我国自 2000 年之后开始有相关论文介绍电弧故障的检测[16-22]，直到 2008 年之后相关研究文献逐渐增多，同时市场上出现了一些具有电弧故障保护功能的产品。然而，由于国家尚未制定电弧故障的产品标准，使得产品的性能指标无法进行相关的测试，因此之前国内市场上并没有完全成熟的电弧故障保护产品。2014 年中国消防标准化技术委员会、中国低压电器标准化技术委员分别制定了《电气火灾监控系统 第四部分：故障电弧探测器》（GB 14287.4—2014）[23]和《故障电弧保护器的一般要求》（GB 31143—2014）[24]两个产品标准，对故障电弧探测设备与故障电弧保护设备进行了规范。在此期间，国际电工委员会也于 2013 年颁布了故障电弧保护设备的国际标准，即《故障电弧检测设备的通用要求》（IEC 62606—2013）[25]。随着直流光伏的应用越来越普遍，UL 公司于 2013 年也出台了直流故障电弧检测标准：《光伏直流故障电弧线路保护标准》（UL—1699B），并于 2018 年进行了修订[26]。

上述故障电弧检测与保护设备的产品标准要求能够准确检测出真正的故障电弧，但是有一些负载及其工作条件会对故障电弧的准确检测产生影响和干扰。在这些情况下，不能发出错误检测信号或者断开电路，这些负载和工作条件包括电流突变（如电容式启动电机和钨丝灯类负载）、正常工作电弧（有刷电机、电钻负载和插拔插头时）、非正弦电流（如可控硅调压和开关电源负载）、电路间的串扰（如临近电路发生电弧故障时）、多种负载运行（电流波形顶部非正弦）等。这些干扰性负载和特定运行工况给准确检测故障电弧带来了极大困难，因此近些年国内外学者围绕故障电弧准确检测进行了大量研究，并产生了很多科研成果。如何准确识别检测有危害性的故障电弧是解决该问题的关键技术问题，近年来关于故障电弧检测方法的研究已成为电气安全领域的研究热点之一。

1.3　故障电弧检测技术研究现状

故障电弧实际上是可以用数学统计法描述的随机气体电离放电物理现象，根据其伏安特性和随机性特点分析，故障电弧还可被看作电网网络中一个随时间变化的非线性电阻元件[16]。当发生并联电弧和接地电弧时，相当于在电弧两端直接施加电源电压，由于电弧电阻较小，所以电流非常大，接近短路电流。另外，在产生电弧过程中，受电弧燃烧影响，电弧间隙无规则变化，电弧电阻时大时小，电弧也可能时断时续。并联故障电弧电流和接地故障电弧电流尽管会小于短路电流，但是也远远大于正常负载时的电流，所以利用发生并联故障电弧和接地故障电弧时电流较大、电流幅值无规则随机波动等特点，故障电弧相对容易检测。

对于串联故障电弧，电弧串联在电路，相当于在原电路中额外串联了一个电阻，因此会导致线路电流比在正常工作状态下要小。电弧在燃烧过程中，电极可能挥发，电弧间隙（弧隙）处在动态变化过程中，因此电弧电阻也处于动态变化过程中，会引起线路电流在原来基础上增加随机动态变化分量。在交流供电时，还会破坏在正常工作状态下电流严格意义上的周期性特点。正常工作时的电流，虽然线路电流不是正弦的，但是连续多个周期内电流波形基本相同，而当发生电弧故障时，连续多个周期内电流波形不可能完全相同。由于交流电在每个周期电流都存在过零点，当电流值接近零，且当电弧两端的电压不足以维持电弧电流时，电弧将熄灭，电流一直维持为零，直到空气被击穿，重新达到电弧起燃条件，这段时间电流将一直保持为零，即电流会出现"零休"现象。经过"零休"后，电流将以脉冲形式迅速增大，形成高频脉冲电流。当发生电弧故障时，由于电弧燃烧引起的弧隙距离变化无规则性，还会引起电流无规则变化，即电流具有了混沌特性。

目前大部分故障电弧检测方法都是基于检测分析线路正常电流信号和发生电弧故障时线路电流信号实现的，交流电弧的检测方法主要分为以下几类：①根据发生电弧故障时线路电流信号的变化规律，对电流信号在时域上进行分析并提出相应的识别方法；②对电流信号进行傅里叶变换，对比在正常状态下和发生电弧故障时线路电流信号的幅频特性，根据发生电弧故障时的特征分量辨别故障电弧；③结合人工智能算法，如人工神经网络、机器学习等方法，通过对大量发生电弧故障时的电流信号进行统计分析，寻找相应规律，得到故障电弧的判据，然后根据这些判据对输入电流信号进行分析判断，确定是否发生串联电弧故障。

当线路中发生串联电弧故障时，利用电弧的弧光、弧声、电磁辐射、温度等物理量特征同样可以检测电弧，但前提是需要事先知道故障电弧可能发生的具体位置，因此利用这些方法检测故障电弧有很大的局限性，一般用于对特定开关柜内的电弧进行检测。文献[27-32]均是针对此类场合的故障电弧提出的相应检测方法，其目的在于检测开关柜内的故障电弧，提升安全供电水平。另外，文献[33]利用具有低调幅特性且具有上兆带宽的便携式天线，检测空气被击穿时刻故障电弧的瞬变特性，但是需要提高频率检测的灵敏度、范围及方向性。

文献[34]利用故障电弧模型检测电弧的发生时刻，同时利用电流有效值及故障电弧电流的注入能量进一步检测故障电弧。文献[35]总结了故障电弧电流的一些特点，如电流峰值特性、连续多个周期电流信号丧失严格周期性等特点，将半个周期的电流求绝对值后进一步得到平均值，并将这一平均值与连续多个周期内求得的平均值相比，利用发生电弧故障时表现的不规则特性检测故障电弧，类似的方法还有"三周期算法"[36]。单纯利用电流信号时域特征检测串联故障电弧的方法，存在阈值不好确定等问题。现在各类负载的供电都通过电力电子装置实现，其电流本身就存在不规则的特性，因此可能会出现负载不同，阈值也会不同等问题。同时，个别负载如空气压缩机往往多个电源的工频周期为一个工作周期，这样也会导致"三周期"方法的失效，因此此类检测方法应用范围受到限制，需要结合负载识别方法，对正常工作时负载电流进行分析，预测在故障电弧状态下的电流变化规律，从而进一步提升故障电弧的识别效果。

在正常工作状态下，无论是直流还是交流供电都可能在特定频率上有电流信号，但幅值是基本稳定的。当发生电弧故障时，由于电流无规则的混沌特性，电流信号中存在不稳定的高频分量。有文献通过实验得到 1kHz～100kHz 范围内的信号幅值会增加的规律，如果对电流信号进行傅里叶变换，在频域上进行分析，也能提取相应的特征分量。文献[37]除利用平均值外，还借助卡尔曼滤波进一步根据每个功率周期电流信号的特征值分析不规则特性以进行故障电弧检测；文献[38]对电流信号进行频谱分析以实现故障电弧的检测，但是有些负载往往具有类似的频谱特性，因此单独对信号进行频谱分析也难以准确检测故障电弧；文献[39]对电流信号时域和频域进行分析，截取较短的时间窗口对电流信号进行短时傅里叶变换以检测发生电弧故障时电流信号的变化规律。

由于发生电弧故障时，电流信号存在很多突变点，而小波变换在处理突变信号上具有明显的优势，因此近些年对电流信号进行小波变换，寻找正常电流信号与发生电弧故障时电流信号的区别已成为当前故障电弧检测的一个重要的研究方向。另外，通过小波变换与其他方法结合，可进一步降低计算量并提高检测准确率。文献[40]利用离散小波变换检测故障电弧比采用短时傅里叶变换提高了时域和频域的分辨率，将小波变换系数进行相加并与设定的阈值进行比较以检测故障电弧；文献[41]

利用多层小波变换分析电流信号，进一步通过模式识别提出了故障电弧检测方法，相对于文献[40]具有更高的检测精度。另外，还有一些文献研究提出通过小波熵能量结合短时傅里叶变换[42-43]建立自回归参数模型[44]，以及特征模态分量与 Hilbert 变换相结合[45]等多种算法。

随着人工智能技术的不断发展，近年来采用神经网络、机器学习等方法进行故障电弧识别的研究越来越多，已成为故障电弧检测的重要研究方向[46-48]。文献[49]运用人工神经网络与 FFT 相结合的方法，将电流和功率信息输入神经网络中进行训练，检测直流电弧故障；文献[50]将小波变换与粒子群优化算法相结合，提升了神经网络的学习速度，取得了较好的检测效果；利用小波变换与人工神经网络[51-53]或者最小二乘支持向量机[54]等方法结合，进行故障电弧识别也取得了较好的研究成果。然而，这些方法的缺点是需要大量的基础数据进行训练，否则准确度很难保证。由于故障电弧的发生具有随机性特点，因此很难把所有的数据都进行训练。

综上，上述分析的各种故障电弧检测方法都还存在一些不足之处。在对故障电弧的相关时域、频域特性，以及故障电弧对线路相关电气参数的影响等深入分析的基础上，建立基于多信息融合的故障电弧检测与识别方法必将能够进一步提高检测的准确率。目前，随着社会不断发展，人均用电量不断提高，工矿企业、建筑照明、家用电器等用电负荷也在不断增大，用电设备及线路的老化、绝缘破损、接头松动等的发生概率也在不断提高，因意外产生的故障电弧在不断威胁着人们的生命财产安全。UL—1699、IEC—62606、UL—1699B、GB 14287.4—2013 和 GB 31143—2014 这些国内外故障电弧检测与保护装置标准的出台，大大促进了相关研究和生产单位对故障电弧检测技术的研究热情，必将进一步提高故障电弧检测与保护技术水平。目前，交直流故障电弧检测技术已成为电气工程的热点研究方向之一。

第 2 章　电弧的特性及电弧模型

全面了解电弧是提出故障电弧有效检测方法的前提,因为无论提出何种故障电弧检测方法,都需要结合电弧的相关特性及这些特性对所在电路或者周围环境产生的影响进行分析。基于此,本章将介绍电弧的物理特性、伏安特性及数学模型,并进行相应的总结和分析。这样不仅有利于读者更全面地了解电弧,也可为理解后面章节介绍的故障电弧检测方法奠定相关基础。

2.1　电弧的物理特性

2.1.1　电弧的组成

从外观来看,电弧表现为电极间隙内一束发光发热的火焰。电弧主体可分为三个区域,分别为近阴极区、弧柱区和近阳极区。电弧的两个电极——阴极和阳极,通常也可以认为是电弧的组成部分。电弧的构造如图 2-1 所示。

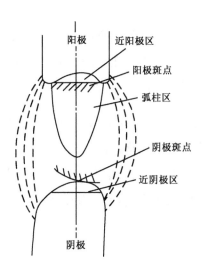

图 2-1　电弧的构造

电弧在形成时，阴极表面存在阴极斑点，阴极斑点是一块或多块光度极强的区域。在电弧电流形成的磁场作用下，该斑点在阴极表面不断移动，并不断发射电子。临近阴极斑点的一小段区域，称为近阴极区，也称为阴极电位降区。阴极压降数值大小与阴极材料和气体介质有关。电弧近阴极区的变化过程对电弧的发生和物理过程有重要的意义，同时这也是电弧与其他放电形式的主要区别。近阴极区的特点是：近阴极区的长度很短，长度小于 $1\mu m$；相对于弧柱区，近阴极区电位降较大。

阳极表面同样存在阳极斑点，阳极斑点接收来自电弧间隙的电子。临近阳极斑点一小段区域称为近阳极区，也称为阳极电位降区，其特点是：近阳极区的长度约为近阴极区的数倍；与近阴极区类似，电位降较大；但无论是近阳极区还是近阴极区，当电弧稳定燃烧时，电位降基本不随着电流的变化而变化，可近似地认为是常数，一般都小于 20V。

近阳极区与近阴极区之间的区域，由于在自由状态下近似呈圆柱形，因此称为弧柱区。弧柱区内的气体已全部被电离，同时也在不断进行去电离过程。该区域几乎占了电弧的全部长度，同时弧柱区内充满了相同数目的正负带电粒子。由于不存在空间电荷，弧柱区的特性类似于金属电阻，弧柱区压降与弧柱长度间呈现线性变化关系。

电弧三个区域的电位降和电位梯度沿电弧长度方向的分布情况如图 2-2 所示。U_c 表示阴极电位降，由于在阴极附近存在正空间电荷，阴极区域的电位发生急剧的跃变。U_n 为弧柱部分电位，呈均匀上升趋势，这意味着弧柱电位梯度保持不变。U_{an} 为阳极的电位降，在阳极附近有未补偿的负空间电荷。

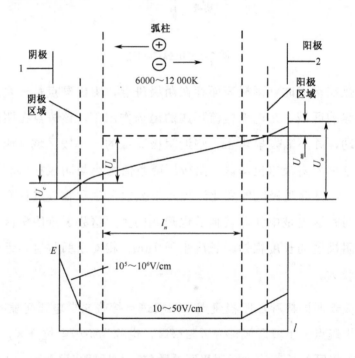

图 2-2 电弧三个区域的电位降和电位梯度的分布

电弧所有的基本特性决定于电和热两个过程。弧柱区的电气特性包括电位梯度、电导、电流密度及其分布等；电弧的热特性包括温度、输入热能、散出热能、热流及其分布等。只有统一考虑电弧的电气特性和热特性，并找到相互之间的影响规律，才能对电弧进行更深入的分析。

2.1.2 电弧的温度

电弧的燃炽与电弧温度有很大关系，几个微秒的电弧燃炽，弧柱内温度可达上万摄氏度。在电场作用下，电子和离子得到动能并加速，速度不断加快的电子与中性分子撞击，由此使得分子的振荡运动加强，互撞频繁使得气体的温度升高。加速的电子也与原子撞击使得原子激发，受激发的原子撞击次数不断增加，它们的温度也将不断上升。在气体放电形成阶段，电子、受激原子和分子的温度各不相同，电子温度最高，但到电弧放电阶段，弧柱所有成分的温度几乎是相同的。

弧柱温度与电弧电流、电极材料、气体介质种类、气压及介质对电弧的作用强烈程度有关。低气压和高气压电弧的弧柱温度也不相同，低气压电弧气体温度一般不会超过几百摄氏度，而电子温度可达 30000℃，高气压弧柱温度比低气压弧柱温度高得多。在弧长较短的情况下，由于电极材料的蒸气对电弧在其中燃炽的气体混合物的游离电位有很大的影响，因此电弧温度会受到电极材料蒸气的游离电位影响，而在弧长较长的情况下不会有这种影响。在交流电流的情况下，当电流下降到零时，弧柱温度不为零。由于电弧的热惯性，弧柱温度的变化会滞后电流一定的时间。图 2-3 展示了电弧的温度分布，中心温度可达 $(1\sim3)\times10^4$℃，非常明亮；弧柱区外层有一层晕圈，其温度范围为 $(0.5\sim4)\times10^3$℃，相对较红暗；近阴极区和近阳极区的温度由于受电极材料沸点限制，低于弧柱温度。从图 2-3 中温度曲线分布可以得出，高温的中心部分位于邻近阴极的区域，即这个区域是电能最强烈地转变成热能的区域。

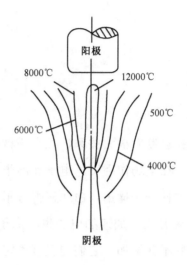

图 2-3 电弧的温度分布

2.1.3 电弧的直径

电弧的直径也就是弧柱的直径,是电弧的重要特征之一,它决定了电弧中的电流密度。弧柱横截面中电流密度的分布与温度的径向分布大致相同,当电弧电流大小一定时,弧柱有一极呈圆柱形的边界,圆柱的直径就是弧柱的直径。但是弧柱并非在任何情况下总是呈圆柱形,比如当电弧垂直放置时,弧柱直径上部变粗而呈倒圆锥形;又如当电弧处于耐弧绝缘材料的狭缝中燃烧时,由于受缝壁的约束,弧柱截面呈近似椭圆形。电弧直径沿着电弧长度并不是相等的,在离电极某一距离处有最大值。弧柱直径的大小与触头材料、电流大小、气体介质种类、气压及气体介质与弧柱的作用强烈程度有关。电弧的直径与电流的平方根成正比。在空气中被横向运动冷却的电弧,其温度和电流密度增大,直径减小;对于自由燃炽的电弧,其直径随压力的升高而减小;对于稳定燃炽的电弧,其直径与电弧在其中燃炽的气体的导热系数成反比。

在不同条件下计算弧柱直径的经验公式有所不同。对于铜电极,在大气中自由燃弧,弧长为 5~20mm,电弧电流 I_h 为 2~20A,弧柱直径 d_h 为

$$d_h = 0.27\sqrt{I_h} \tag{2-1}$$

对于铜电极,在大气中横向运动的燃弧,当横向运动速度 v 为 20~50m/s,电弧电流 I_h 为 50~1000A,弧柱直径 d_h 为

$$d_h = 0.08\sqrt{\frac{I_h}{v}} \tag{2-2}$$

对于铜电极,当受到压缩冷空气纵吹时,弧柱直径 d_h 为

$$d_h = K(10^{-5} p)^m I_h^n \tag{2-3}$$

式中:d_h——弧柱直径(cm);

I_h——电弧电流(A);

K——常数,取值范围为 0.0023~0.0039;

p——压缩空气压力(Pa);

m、n——指数,取值范围分别为 0.22~0.27 和 0.6~0.7。

2.1.4 电弧的弧根和斑点

弧柱贴近电极的部分称为弧根。阴极和阳极弧根的截面积通常小于弧柱的截面积,因而接近电极的弧柱呈现收缩现象。弧根在电极表面上形成的圆形亮点称为斑点。阴极斑点是维持电弧存在的电子发射源,此处的电流密度在大气中自由燃弧时可达 $10^4 A/cm^2$,当弧根在电极表面快速运动时可达 $10^7 A/cm^2$。在这样高的电流密度的情况下,电极材料快速汽化形成的金属蒸气进入弧隙。阴极斑点区产生热发射、高电场发射和二次发射,向弧隙提供大量电子,结果导致阴极表面逐渐被烧蚀而形成

凹坑。阳极斑点是电子进入阳极的主要入口，其面积比阴极斑点较大，因而其电流密度较小。阴极斑点和阳极斑点的温度大致等于电极材料的沸点。

当交流电弧横向运动时，阳极和阴极的弧根运动情况如图2-4所示。虚线左右两侧分别为电流过零点前后的弧根痕迹。在电流过零之前，弧根为阳极，其痕迹呈跳跃式运动；在电流过零点之后，弧根为阴极，其运动痕迹几乎是连续的。随着电流的增大，弧根痕迹分成了多条分支。

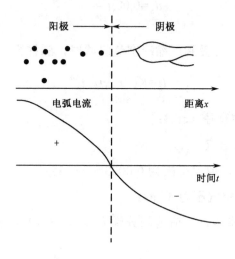

图2-4　阳极和阴极的弧根运动情况

2.1.5　电弧的等离子流

等离子体是一股具有高温且带有金属蒸气的电离气体，是物质存在的另一种聚集体，通常被称作物质除固态、液态、气态之外的第四态。电弧在弧隙中燃烧产生的等离子体具有良好的导电性能，并保持电中性。弧柱是由等离子体构成的。

当电流流过电弧时，由于弧柱中心部分电流产生的磁场与其外层电流的作用，便产生一个将等离子体压向中心的压力。一般而言，当电流一定时，电弧直径越小，弧柱中心压力越大。在此压力作用下，弧根中心部分的等离子体将沿着弧柱轴向压力较低的弧柱中部运动，形成一股等离子体流。除此之外，由于弧根的斑点温度最高，弧根处的金属材料迅速汽化，也将形成一股垂直于电极表面的金属蒸气流，这两种蒸气流合在一起，统称为等离子体流。等离子体运动速度因电极材料不同而不同。

从电弧离子平衡观点看，根据弧隙中带电粒子数的增减可以判断电弧的燃烧状况。当电离强度大于消电离强度时，电弧燃烧强度增加，电弧电流增大；当电离强度等于消电离强度时，电弧燃烧稳定，电弧电流不变；当电离强度小于消电离强度时，电弧趋于熄灭，电弧电流减小。

2.1.6 电弧的能量平衡

在电弧稳定燃烧情况下，电弧的输入能量等于散出的能量，表现为弧柱温度和直径保持不变。如果电弧输入能量大于散出能量，则电弧燃烧越来越剧烈，表现为弧柱温度升高，直径增大。如果电弧输入能量小于散出能量，弧柱直径减小温度下降，则电弧趋于熄灭。

电弧的输入功率等于电弧两个电极的电压乘以电弧电流，因此从电路角度来讲，电弧相当于一个阻性发热元件。电弧散出功率 P_z 包括电弧传导散热功率 P_{cd}、对流散热功率 P_{dl} 和辐射散热功率 P_{fs}。

1. 传导散热功率 P_{cd}

如果认为弧柱截面为圆柱形，其半径为 r_h，长度为 l，表面温度为

T_h，在弧柱外围半径为 r_0 处气体的温度与环境温度 T_0 相等，设气体的热导率 λ 为常数，则弧柱传导散热功率 P_{cd} 可近似计算为

$$P_{cd} = \frac{2\pi\lambda(T_h - T_0)}{\ln\dfrac{r_h}{r_0}} \tag{2-4}$$

实际上，气体的热导率 λ 不是常数，它受温度变化的影响，不同气体的热导率和温度的关系如图 2-5 所示。随着温度的变化，每种气体的热导率都存在一最大值，此最大值为相应气体分子离解为原子时的温度。

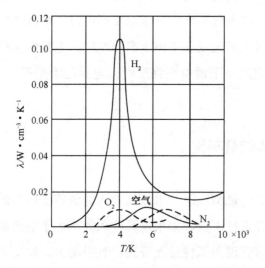

图 2-5 不同气体的热导率 λ 和温度 T 的关系

2. 对流散热功率 P_{dl}

在气体介质中自由燃弧时，对流散热功率和传导散热功率在同一数量级。但是，当采取强制吹弧时，对流散热起主导作用。常见的强迫吹弧方式有横吹和纵吹两种，横吹就是流体介质运动的方向与电弧轴线垂直，纵吹就是流体介质运动的方向与电弧轴线平行。横吹或者介质不动

而电弧本身做横向运动时,可认为对流散热功率 P_{dl1} 与弧柱的纵断面面积成正比,可表达为

$$P_{dl1}=vd_{h}l\int_{T_0}^{T_h}cdT \qquad (2-5)$$

式中:v——流体介质垂直于电弧轴线运动的速度(cm/s);

T_0——流体介质未与电弧接触时的温度(K);

T——流体介质被电弧加热后的温度(K);

T_h——弧柱平均温度(K);

c——单位体积流体介质的比热容[J/(cm³·K)];

d_h——弧柱直径(cm);

l——弧柱长度(cm)。

当纵吹时,可认为对流散热功率 P_{dl2} 与弧柱横断面面积成正比,可表达为

$$P_{dl2}=\frac{\pi}{4}vd_{h}^{2}l\int_{T_0}^{T_h}cdT \qquad (2-6)$$

式(2-6)中各物理量的意义和单位与式(2-5)均相同。

从式(2-5)和式(2-6)可知,无论是横吹还是纵吹,对流散热功率都与介质吹弧速度成正比,所以增大吹弧速度是加强对电弧冷却作用的有效手段之一。

3. 辐射散热功率 P_{fs}

由于电弧本身是透明体,所以辐射散热功率 P_{fs} 与体积成正比,计算公式为

$$P_{fs}\approx 71.6r_{h}^{2}l\varepsilon_{fs}\left[\left(\frac{T_h}{1000}\right)^4-\left(\frac{T_0}{1000}\right)^4\right] \qquad (2-7)$$

式中:ε_{fs}——弧柱发射率[W/(cm³·K⁴)]。

式（2-7）中其他各物理量的意义和单位与式（2-5）均相同。

实验表明，辐射散热功率与电极材料及气压参数有关。在大气中自由燃弧的情况下，辐射散热功率通常只占总散出功率的百分之几到百分之十几，所以当采用了强迫冷却措施时，辐射散热可以忽略不计。

对于短弧，由于极间距离很近，电极温度又远低于弧柱温度，由电弧功率损耗转变成的热量主要先传给电极，然后由电极传给其他零件和周围介质，这时主导的散热作用是传导散热。对于长弧，由电极传导的热量较少，绝大部分由弧柱直接传给周围介质，这时主导散热的是对流散热。

电弧的动态能量平衡方程可表示为

$$\frac{dW_Q}{dt} = P_h - P_s \qquad (2-8)$$

式中：W_Q——电弧能量；

P_h——电弧功率；

P_s——总散出功率；

t——时间。

当 $P_h > P_s$ 时，W_Q 逐渐增大，弧柱温度增高，弧柱直径扩大，电弧燃烧趋于炽烈；当 $P_h = P_s$ 时，W_Q 保持不变，弧柱温度和直径不变，电弧处于稳定燃烧的状态；当 $P_h < P_s$ 时，W_Q 逐渐减小，弧柱温度下降，弧柱直径缩小，电弧趋于熄灭。

2.1.7　弧隙电压的恢复

对于交流电弧，当电弧电流过零后，电弧熄灭。此时弧隙电阻将非常大，弧隙两端的电压即电源电压。这一电压增大过程称为电压恢复过程，此过程中的弧隙电压称为恢复电压，电压恢复过程与电路参数有关。

在电压恢复过程中，恢复电压由稳态分量和暂态分量两部分组成。其中，稳态分量可由直流电压和工频电压组成，如果稳态分量仅是工频电压，则称为工频恢复电压。暂态分量通常呈复杂的波形，仅在电弧电流过零后几百微秒的时间内出现，此时为决定电弧能否熄灭的关键时刻，含有暂态分量的恢复电压又称为瞬态恢复电压。

对于不同性质的负载电路，其弧隙的恢复电压也不同。当负载为阻性时，由于电流和电源电压的相位相同，电弧熄灭后，弧隙恢复电压随电源电压一起由零按照正弦规律变化，没有暂态分量，其稳态分量即工频电压，即作用在弧隙上的只有工频恢复电压。当负载为容性时，电流超前于电源电压，弧隙恢复电压不含暂态分量，其稳态分量是直流电压和工频电压之和。当负载为感性时，电流滞后于电源电压，弧隙恢复电压含有暂态分量。

2.2 电弧的伏安特性

由于电弧属于气体放电，也就是电流通过击穿空气而导电，电流流过气体时会发生一些特殊现象。气体的导电系数也不是常数，其与外界对气体的影响和电流强度有关。电流和电压的关系不是简单正比关系，电弧间隙对电弧的伏安特性有非常大的影响，因此电弧的伏安特性都是通过实验方法得到的。

1902年埃伊尔顿就开始研究电弧的伏安特性，并提出了直流电弧的经验公式；之后若干学者对电弧的伏安特性进行了研究，通过实验得到了电弧的伏安特性。

电弧的伏安特性包括静特性和动特性。无论是静特性还是动特性，都与电弧间隙长度有关。当发生电弧时，实际上弧柱中始终进行着游离和消游离的过程，当两者平衡时，电弧称为稳态电弧，对应的电弧伏安特性称为静特性；当电弧工作状态改变时，由于电弧的电时间常数远小于热时间常数，会出现热迟滞现象，此时对应的电弧伏安特性称为动特性。

电弧的伏安特性，就是将电弧作为一个整体，表达电弧电压和电流的数学关系，是电弧最重要的特性之一。利用电弧的伏安特性更容易分析电弧对电路其他部分的影响。在分析电弧的伏安特性之前，需要首先了解电弧的电压方程，即按照电弧的构成描述电弧各部分的电压关系。

2.2.1 电弧的电压方程

电弧电压等于近阴极压降、近阳极压降和基本弧柱电压之和，可表达为

$$U_A = U_c + U_a + U_p \tag{2-9}$$

式中：U_c——近阴极压降（V）；

U_a——近阳极压降（V）；

U_p——基本弧柱电压（V）。

一般认为 U_c 和 U_a 基本不变，都在 20V 以内，二者之和 $U_0 = U_c + U_a$，U_0 为近极区压降。由于弧柱区内的电场也基本不变，因此弧柱电压等于电场强度和弧柱长度的乘积。电弧电压可进一步表示为

$$U_A = U_0 + El \tag{2-10}$$

式中：E——电场强度（V/cm）；

l——弧柱长度，可近似认为是整个电弧的长度（cm）。

近极压降和弧柱压降在电弧电压所占比例随着弧长不同而不同。对于短弧，由于极间距离很小，弧柱压降可以忽略不计，近极压降在电弧电压中起主导作用，因此短弧的电弧电压几乎不随着电流的变化而变化；对于长弧，由于极间距离很长，弧柱压降远大于近极压降，弧柱压降在电弧电压中起主导作用，因此长弧的电弧电压与电场强度及弧柱长度成正比。

2.2.2 气体放电时的伏安特性

电弧是气体自持放电的一种形式，其特点是电流密度大、阴极电位降小，并可以认为是放电的最终形式。实际上，在形成自持放电前，气体还有多种放电形式及其伏安特性。为了方便分析气体放电的特性，可利用如图 2-6 所示电路测试气体放电时的伏安特性。调整电源电压 E，使放电管 1 两端的电压从非常小的数值逐渐增加，该过程中将会产生放电现象。

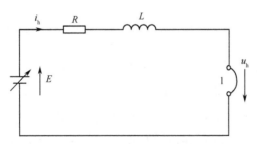

图 2-6　测试气体放电时的伏安特性的电路

在放电管直径为 10cm、低气压（约 1mm 汞柱）、电极间距离为几厘米条件下形成的各种形式气体放电的静伏安特性如图 2-7 所示。图中的电流值和电压值是大致数值，但是从这个伏安特性可以得到电弧的形成过程，并且可以进一步了解气体放电的特点。刚开始时，气体间隙只流过极微小电流，但此时由于电位差很小，在外界催离素（如 X 射线、宇宙线、阴极的加热等)的作用下,离子的形成和复合保持平衡状态,气体电导基本不变(0-1段)。当电气间隙间电位差继续增加,电流就过渡到饱和电流(1-2段),饱和电流数值由外界催离素作用于阴极从而释放出来的电子数目决定,该数目是基本不变的,因此电流也基本不变。当电位差继续增加时,电流将开始按一定规律增长,刚开始较慢(2-3段),之后非常快(3-4段),这个过程称为非自持汤逊放电。点4对应的电流大约为10^{-10}A,非常小。在点4之前阶段,放电都属于非自持放电,其特点是放电随着外界催离素作用的失去而停止。

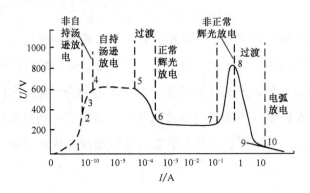

图2-7 低气压下各种形式气体放电的静伏安特性

在点4保持相应的电位差,电流会迅速增加到较大数值(此值受电路电阻和电源功率的限制)。此时气体开始发光,且发出声响,气体间隙两端的电极变炽热(4-5段),此时气体间隙被击穿,所需的电位差称为击穿电压。这时,即使停止外界催离素的作用,放电也不会停止,这一状态称为自持放电,也称为自持汤逊放电。实际上,从曲线中点4开始,还有几种途径形成其他形式的自持放电,如辉光放电、电晕放电、火花放电、电弧放电等。从非自持放电到自持放电,这种转换与气体压力、电流密度、电极形状及电极间距离等因素有关。

当电路中电阻较大且气压较小时,可从自持汤逊放电经过渡过程(5-6段)转变为辉光放电(6-7段)。辉光放电阶段电压低于自持汤逊放电阶段，电流增加。而后，当电流增加到某一临界值时，电压和电流将同步增加（7-8 段）。在辉光放电时，减小电路电阻以增大线路电流，则可以突然从辉光放电直接转变到电弧放电，即从点 7 直接转到点 9，也有可能逐渐从点 8 直接转到点 10，同样转为电弧放电（9-10 段）。在点 4 时，如果电气间隙两端电压较高，则直接从点 4 的汤逊放电转为点 9 的电弧放电。如果气体压力为大气压，当电极间电场不均匀且电流很小时，就会发生电晕放电。在电源功率足够大的情况下，电晕放电可转变成电弧放电。

电弧放电前的各中间阶段都是不稳定的，如果电压不足以维持电弧电流，放电就熄灭或断断续续。如果电压足以引起气体间隙的击穿并有足够功率维持电流使电弧燃炽，则可以从不稳定的火花放电发展为电弧放电，利用图 2-8 可以更好地说明这个过程。在点 A 发生的不稳定放电称为火花放电，点 A 相应为电压显著下降的开始，当气体间隙被击穿时，其两端电压将急剧下降，时间在 10^{-8} 秒以内，10^{-6} 秒后几乎进入电弧稳定燃烧阶段。

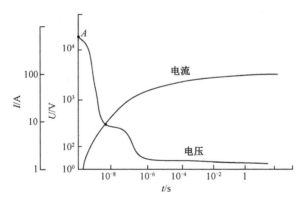

图 2-8 电弧电流和电压随时间的变化

2.2.3 直流电弧的伏安特性

图 2-9 为直流电弧静特性的测试电路，在图 2-9 中，1、2 分别为电

极的正、负极。在测试时首先调整电极之间的间隙长度，改变可变电阻 R 以调节线路电流。当电弧稳定燃烧时，记录线路电流和电极两端电压，得到电弧的静态伏安特性。进一步改变弧隙长度，重复实验，得到不同弧长下电弧的静伏安特性。图 2-10 表示空气中不同弧长电弧的伏安特性变化趋势。l_2 和 l_1 分别表示弧长，且有 $l_2>l_1$。从图 2-10 中可以看出，电弧电阻随着电弧电流的增大而减小。其原因在于当电弧电流增大时，电弧的功率增大，于是弧柱温度升高、直径增大，电弧电阻剧烈减小。图 2-11 为若干组不同电弧长度的电弧静特性。其中，电压小于 800V、电流小于 60A、电弧长度在 24cm 以内。图 2-11 能够表示出不同电弧长度的电弧电阻的变化范围，例如，当电弧间隙为 1cm 时，从图 2-11 可知电弧电阻的变化范围是 0.8～870Ω。

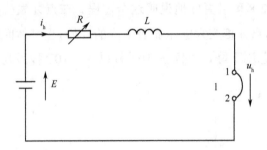

图 2-9　测量直流电弧伏安特性的电路图

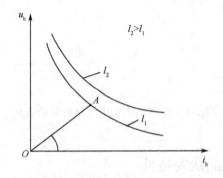

图 2-10　不同弧长时直流电弧的静态伏安特性变化趋势

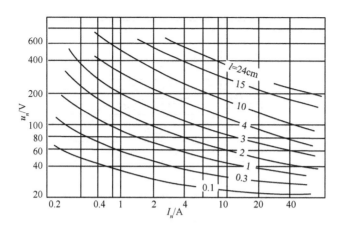

图 2-11 不同电弧长度的电弧静特性

伏安特性除了受电弧长度影响，还受电极材料、气体介质、环境压力、介质相对于电弧的运动速度的影响。图 2-12 为不同介质直流电弧的伏安特性。当其他条件确定时，若电弧长度固定，则电弧的伏安特性只有一条。而动态伏安特性却随着电流变化速度不同有无数条。对于不稳定的直流电弧和交流电弧，其伏安特性为动特性。因为当电流快速增大时，电弧电阻还来不及变化，此时伏安特性与一般直流电阻的特性相似，为一条直线。从电弧的静特性可知，电流越大，电弧电阻越小。当电流变化较快时，其伏安特性曲线要高于静特性曲线。主要原因在于当电流快速增大时，电弧弧柱温度和直径变化速度要远小于电流变化速度，因此等效电阻并不能和电流同步减小，导致在同等电流下，电压更大，也就是等效电阻更大。同样，当电流快速减小时，电弧等效电阻要小于静特性时相同电流对应的电阻。图 2-13 为电弧的静特性和动特性曲线。当电弧电流变化无限缓慢时，电弧的动特性将与静特性重合（6-1-4 段）；当电弧电流变化无限快时，电弧的伏安特性与一般直流电阻相似（O-1-2 段）；当电弧电流变化为一般速度时，电弧的伏安特性位于中间位置（5-1-3 段）。

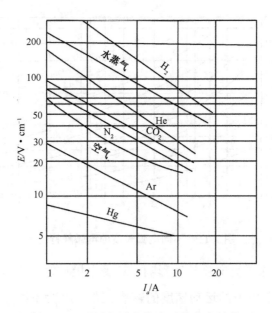

图 2-12　不同介质直流电弧的伏安特性

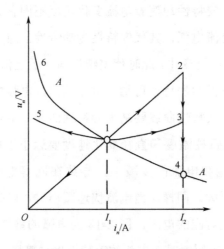

图 2-13　电弧静特性和动特性

根据电弧长度，电弧可分为短弧和长弧。由于本书所讨论的都是在低压配电系统下发生的故障电弧，一般都是短弧，因此本书只对短弧的伏安特性进行分析。

当电弧电压在几百伏、电流在几十安且电弧间隙在几个毫米以内时,其伏安特性为

$$U_A = a + bl + \frac{c+dl}{I_A} \quad (2\text{-}11)$$

式中：a、b、c、d——常数,通过实验测定；

l——电弧长度(cm)；

I_A——电弧电流(A)。

2.2.4 交流电弧的伏安特性

由于交流电流的瞬时值随时间变化,而且对于工频 50~60Hz 的交流电,电流的变化速度将远大于电弧直径和弧柱温度的变化速度,故交流电弧不可能建立起稳定平衡状态,因此交流电弧的伏安特性是动特性。当交流电流过零时,电弧会自行熄灭,当满足条件时电弧又将重燃。图 2-14 为交流电弧的伏安特性。与直流电弧的伏安特性相比,交流电弧的伏安特性有其特殊形式,它反映了一个周期内电弧电压与电流的关系。交流电弧电流的瞬时值随时间一直在变化,因此呈现的是电弧的动特性。由于交流电流在一个周期内存在两个过零点,当电流为零时,电弧会熄灭。而由于加在电极两端的电压是交流电,因此电极两端电压按正弦规律不断变化。当触头两端电压达到点燃电压(击穿电压)U_b 时,空气被击穿,电弧产生。曲线的 *AB* 段说明电弧电压随着电流的增大不断减小,也就是随着电流增大,电弧电阻在减小。在达到电流峰值后,按照正弦交流电变化规律,电流开始减小,此时电弧电压逐渐增大。需要说明的是,电流减小阶段与电流增大阶段相比,即使在同一电流下,其电弧电阻并不相同,主要还是由于电流的变化速度要远大于电弧电阻的变化速度。在同一电流下,电流增大阶段对应的电弧电压要低于电流减小阶段,因此曲线 *BC*

段低于 AB 段，主要原因在于电弧的热惯性相对较大，电弧电阻的变化速度要低于电流的变化速度。当电弧电流趋于零时，电弧电压也趋于零，电压 u_0 称为熄弧电压，此时弧隙电阻 R_h 为一有限值且数值较大。当电弧电压过零后，触头两端电压又将反方向继续增大，直至达到击穿电压后，重新产生电弧，伏安特性与正半周期对称。

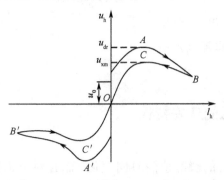

图 2-14 交流电弧的伏安特性

需要说明的是，交流电弧的伏安特性不会完全相同，交流电弧的伏安特性与电流的数值、电弧的冷却程度、电极材料、气体成分、电弧长度及电流频率等因素都有关系。

一般来说，当电流越小或者电弧的冷却程度较强时，击穿电压和熄弧电压会更大。在上述情况下，热状态变化迅速，热惯性对伏安特性影响较小，伏安特性的两条曲线差别较小。电极材料和弧柱气体的导热系数对热惯性也有影响，由于金属电极的导热系数较大，温度可以更快速变化，所以伏安特性两条曲线差别也较小。电弧长度越大，气体击穿电压越大，热惯性也就越显著。电流频率的升高对弧隙热惯性的影响非常显著，因为电流变化速度远超过弧柱温度的变化速度，温度相对于电流的变化频率为常数，所以点燃电压和熄弧电压都将降低。当频率超过 1000Hz 时，点燃电压和熄弧电压峰值都将消失，电弧的电压和电流都是正弦波形，电弧电阻相当于一个线性电阻元件。

2.3 电弧数学模型

长期以来,建立准确的电弧数学模型一直是很多科研工作者的目标。目前建立电弧数学模型主要有两种途径,一是对电弧进行微观研究,对在等离子区中存在的许多基本现象用公式表达,对能量转换有准确的估计,但这需要求解大量复杂的公式;二是对电弧进行宏观研究,认为电弧是一个可变电阻,用非线性微分方程描述电弧。对于故障电弧检测来说,显然利用电弧的宏观模型更容易检测。电弧电阻实际上由输入与散出的能量关系决定,一般电弧模型方程的表达式为

$$\frac{i_a}{E} = \frac{1}{R_a} = F(P, N, t) \tag{2-12}$$

式中:i_a——电弧电流的瞬时值;

E——弧柱电压梯度的瞬时值;

R_a——单位长度电弧电阻的瞬时值;

P——单位长度电弧的输入功率,$P=Ei_a$;

N——单位长度电弧的散出功率;

t——时间。

电弧电阻是弧隙中积累能量的函数,即

$$\frac{1}{R_a} = F(Q) = F\left[\int (P-N) \mathrm{d}t\right] \tag{2-13}$$

式中:Q——单位长度电弧中积累的能量,包括热能、气体分子的分解能、激发能及游离能,它与电弧温度和游离程度有关。

电弧中积累的能量 Q 为输入能量与散出能量差值的积分，可表示为

$$\frac{dQ}{dt} = P - N \tag{2-14}$$

对于静态电弧，输入能量与散出能量相等，即

$$P = Ei_a = N \tag{2-15}$$

电弧的动态模型为

$$R_a \frac{d}{dt}\left(\frac{1}{R_a}\right) = \frac{F'(Q)}{F(Q)} \frac{dQ}{dt} = \frac{F'(Q)}{F(Q)}(P - N) \tag{2-16}$$

目前，关于电弧的数学模型，比较著名的有 Cassie、Mayr 两种。Cassie 模型认为电弧具有圆柱形气体通道形状，其截面温度均匀分布，且圆柱形通道具有明确的界限，圆柱形通道以外的电阻非常大。假如电弧电流发生变化，电弧直径也将同时变化，但是温度不变。电弧电压梯度基本保持为常数，因此能量散出速度与弧柱横截面的变化成正比，能量的散出由气流或与气流有关的弧柱变形导致。根据上述假设，Cassie 电弧数学模型为

$$\frac{1}{g}\frac{dg}{dt} = \frac{1}{\tau}\left(\frac{u^2}{U_c^2} - 1\right) \tag{2-17}$$

式中：τ——电弧时间常数，$\tau = q_c / N_c$；

g——电弧电导；

q_c——单位体积电弧中的能量常数；

N_c——单位体积电弧散出功率常数；

u——电弧电压；

U_c——电弧电压常量。

Mayr 也认为电弧具有圆柱形气体通道形状，但其直径是恒定的。从电弧散出去的能量是常数，且能量的散出依靠热传导和径向扩散的作用。

电弧温度随着与电弧轴心的径向距离、时间而发生变化，电弧散出的功率为常数。Mayr 电弧数学模型可表示为

$$\frac{1}{g}\frac{\mathrm{d}g}{\mathrm{d}t} = \frac{1}{\tau}\left(\frac{ui}{P}-1\right) \tag{2-18}$$

式中：g——电弧电导；

u——电弧电压；

i——电弧电流；

τ——电弧时间常数；

P——散耗功率。

电弧电流过零前，由于电弧介质被击穿，电弧电阻较小，由 Cassie 电弧数学模型得到的电弧电流过零点前电弧电阻基本与实验结果一致。因此，对于低电阻电弧，利用 Cassie 电弧数学模型的计算结果与实验结果基本吻合。但是，由 Mayr 电弧数学模型计算电弧电流过零前电弧电阻时，理论值比实验值大很多倍，Mayr 电弧数学模型不能用于电弧电流过零前（电弧低电阻状态）的计算。电弧电流过零前后，按照 Cassie 电弧数学模型假定电弧电压为常数，不符合电流过零后电弧电阻继续增大的实际情况。根据 Mayr 电弧数学模型分析，电弧电压梯度与电弧电阻的平方根成正比，在电弧高电阻状态时比较符合，所以 Mayr 电弧数学模型更适合电弧高电阻状态。

无论是 Mayr 电弧数学模型，还是 Cassie 电弧数学模型，都是非线性的，而且含有两个未知数 E 和 i_a，因此还需要建立第二个方程式。一般可通过电路其他部分的特性得到。Mayr 电弧数学模型和 Cassie 电弧数学模型都是在不同假定条件下只考虑一方面的散热而定出的。然而，实际上电弧能量的散出是以这两种假定结合起来的方式进行的。有两种方法可将 Mayr 电弧数学模型和 Cassie 电弧数学模型结合起来建立接近真实的模型。第一种用 Cassie 电弧数学模型计算电弧电流过零前的状态，

而利用 Mayr 电弧数学模型对电流过零后的电弧状态进行计算；第二种将两种电弧数学模型合并成一个统一的模型，即对电弧能量散出功率既考虑传导，也考虑对流。由于电弧的时间常数是随时间而变化的，Mayr 和 Cassie 两个电弧数学模型的时间常数也有待商榷。也就是说，电弧电阻的表达要比两个电弧数学模型更加复杂。

实际上电弧时间常数和耗散功率都不是常数，对 Mayr 电弧数学模型进行改进，将时间常数和耗散功率看作电弧电导函数，形成了 Schwarz 电弧数学模型。这样就不需要对 Mayr 电弧数学模型做任何限定性的假设，Schwarz 电弧数学模型可表示为

$$\frac{1}{g}\frac{\mathrm{d}g}{\mathrm{d}t}=\frac{1}{\tau g^a}\left(\frac{ui}{Pg^b}-1\right) \quad (2\text{-}19)$$

式中：g——电弧电导；

　　　u——电弧电压；

　　　i——电弧电流；

　　　τ——电弧时间常数；

　　　P——散耗功率；

　　　a——影响 τ 的参数；

　　　b——影响 P 的参数。

2000 年，有文献对 Mayr 电弧数学模型做了进一步改进，提出了 Schavemaker 电弧数学模型。该模型具有恒定的时间参数和与输入功率相关的耗散功率。模型参数根据电流过零点时的测量结果确定，能够成功地再现电弧的中断和重燃，该电弧数学模型为

$$\frac{1}{g}\frac{\mathrm{d}g}{\mathrm{d}t}=\frac{1}{\tau}\left(\frac{ui}{\max\left(U_{\mathrm{arc}}|i|, P_0+P_1 ui\right)}-1\right) \quad (2\text{-}20)$$

式中：g ——电弧电导；

　　　τ ——电弧时间常数；

u —— 电弧电压；

i —— 电弧电流；

U_{arc} —— 在大电流时的电弧电压，一般为固定值；

P_0 —— 耗散功率；

P_1 —— 与输入功率有关的耗散功率，与断路器内灭弧介质热阻引起的压力有关。

对于交流故障电弧，由于故障电弧串联在线路里，因此式（2-20）中的 P_1 可以不用考虑，可以得到 Schavemaker 电弧数学模型在故障电弧时的简化模型

$$\frac{1}{g}\frac{\mathrm{d}g}{\mathrm{d}t} = \frac{1}{\tau}\left(\frac{ui}{\max(U_{arc}|i|, P_0)} - 1\right) \quad (2-21)$$

从式（2-20）和式（2-21）可以知道电弧电阻是一个不断变化的数值。实际上，在进行故障电弧检测时，并不需要得到准确的电弧电阻的数值。

对电流过零点附近的电压和电流的精确测量结果表明，使用 Cassie 电弧数学模型或 Mayr 电弧数学模型对其描述是不够准确的。Habedank 对 Cassie 电弧数学模型和 Mayr 电弧数学模型进行了合并，将二者串联成一个电弧数学模型，称为 Habedank 电弧数学模型。该模型没有物理意义，只用来进行数学描述，可表达为

$$\frac{1}{g_c}\frac{\mathrm{d}g_c}{\mathrm{d}t} = \frac{1}{\tau_c}\left(\left(\frac{ug}{U_c g_c}\right)^2 - 1\right) \quad (2-22)$$

$$\frac{1}{g_m}\frac{\mathrm{d}g_m}{\mathrm{d}t} = \frac{1}{\tau_m}\left(\frac{u^2 g^2}{P_0 g_m} - 1\right) \quad (2-23)$$

$$\frac{1}{g} = \frac{1}{g_c} + \frac{1}{g_m} \quad (2-24)$$

式中：g —— 电弧电导；

u ——电弧电压;

i ——电弧电流;

g_c ——Cassie 电弧数学模型中的电弧电导;

g_m ——Mayr 电弧数学模型中的电弧电导;

τ_c ——Cassie 时间常数;

τ_m ——Mayr 时间常数;

P_0 ——电弧稳定耗散功率。

Habedank 电弧数学模型集合了 Cassie 电弧数学模型和 Mayr 电弧数学模型的优点。在高电流下,几乎所有的电压降都发生在 Cassie 电弧数学模型部分;而在电流过零点前不久,Mayr 电弧数学模型的贡献增加,承担了电流中断后的所有恢复电压,可以更好地反映实际电弧的非线性动态特征。

2.4 本章小结

本章介绍了电弧相关物理特性和几种电弧数学模型,对电弧在直流和交流电路中的静态性和动态性分别进行了分析,为后面章节直流和交流供电系统中的电弧故障检测方法提供基础。

第 3 章 不同负载下交流故障电弧对线路电流的影响

由电弧的伏安特性可知,电弧可以等效为一个电阻。但是在交流电路中,由于电流存在过零点,当电流很小时,电弧将熄灭,绝缘被击穿,电弧将再次重燃。因此,当交流电路中条件符合时,电弧将在熄灭和重燃两种状态中不停地进行转换。负载不同,电弧熄灭时刻有所不同,重燃时刻也不会相同。当电弧持续燃烧时,负载不同也会对线路电流有不同的影响。本章将根据电弧的伏安特性及电弧产生条件,分析在不同负载下电弧对线路电流的影响,为提出故障电弧检测方法奠定基础。

3.1 交流故障电弧相关电气特性分析

图 3-1 为交流串联故障电弧实验电路。图 3-2 为根据图 3-1 实验电路测量的交流电弧两端的电压和线路电流波形。

在 $t_0 \sim t_1$ 时间段,弧隙被击穿,电路中产生串联故障电弧。但是由于弧隙被击穿后,弧隙电阻转变为电弧电阻,此时 R_h 相对负载电阻阻值较小,因此弧隙两端的电压 u_h 也很小。此时线路电流 i_h 的大小主要由电

源电压 u 和负载阻抗 Z 决定，但由于 R_h 串联在电路中，尽管 R_h 较小，也会导致 i_h 的有效值比在正常工作状态下要小。

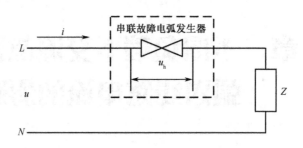

图 3-1　交流串联故障电弧实验电路

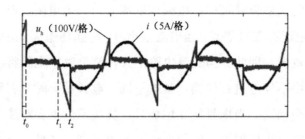

图 3-2　交流电弧两端的电压和线路电流波形

在 $t_1 \sim t_2$ 时间段，t_1 时刻加在电弧上的电压 u_h 降为零，i_h 也降为零，电弧熄灭。弧隙两端的电压将按正弦规律不断增大。由于弧隙在没有被击穿时 R_h 非常大，则此时 u_h 可近似看成电源电压 u。i_h 将基本为零，表现为"零休"现象，即在交流电路中，当发生串联故障电弧时线路电流在自然过零点连续一段时间都非常接近于零的现象。u_h 按照正弦规律变化，其幅值不断增大，直到当 t_2 时刻 u_h 达到了燃弧电压 U_z 时，弧隙被击穿，电弧重新起燃，此时 R_h 会迅速减小。由于此时 R_h 相对负载阻抗 Z 基本可以忽略，i_h 将从零开始迅速增大到 $U_z/|Z|$，表现为当串联故障电弧发生时的电流突变现象。

从图 3-2 还可以看出，不同半工频周期内 U_z 的值并不完全相同。主要原因在于当串联故障电弧发生时，电弧燃烧往往伴随着电极的局部挥发，导致弧隙间距、周围气体的成分、电弧的冷却程度等都会呈现动态变化，因此，当每次发生串联电弧故障时，燃弧电压 U_z 不可能完全相同，导致了相邻的半工频周期内线路电流 i_h 无论是有效值还是电流突变时刻都呈现一定的随机性。

3.2　纯阻性负载下故障电弧对线路电流及电压和电流关系的影响分析

图 3-3（a）和图 3-3（b）分别表示纯阻性负载下线路正常工作和发生串联电弧故障时相关变量的波形。在图 3-3（b）中，由于线路负载阻抗为纯电阻，而串联故障电弧也可等效为电阻，只是数值上呈动态变化而已，因此 i 与 u 同相。在 u 过零后 i 也为零，电弧熄灭，此时 R_h 表现为较大的数值，因此 u_h 近似等于 u 的瞬时值，$i=u/R_h$，其数值接近于零，并一直保持。直到 u 增大到 U_z 时，弧隙被击穿，并发生串联电弧故障，R_h 迅速减小，相对于负载电阻 R_L 几乎可以忽略，因此 i 将迅速从零增大到 U_z/R_L。此后 i 的大小基本由 R_L 和 u 决定，即 $i\approx u/R_L$。由于电弧在开始燃烧后，熄弧电压 U_s 很小，所以一直到 u 减小到约为零时，i 才减小为零，电弧熄灭，因此 i 基本按照正弦规律减小为零。此后 R_h 又将迅速增大，直到 u 再次增大到 U_z 之前，i 一直保持为零。

从上述分析可知，当负载阻抗为纯阻性负载且发生串联电弧故障时，电路具有如下特性：

(1) i 与 u 同相;

(2) "零休" 现象明显;

(3) i 从零开始增大时会出现突变现象, 即 i 从零突然增大到某一数值, 该数值主要由 U_z 与 R_L 决定;

(4) i 基本按照正弦规律自然减小到零。

需要指出的是, 由于实际发生串联电弧故障时, 弧隙间距是不确定的, 而且随着电弧的燃烧, 弧隙间距也会发生一些变化, 因此 U_z 并不是一个不变的数值; 另外, 由于 R_h 的动特性, 会导致线路电流波形在不同的工频半周期内呈现随机性的特点。即当发生电弧故障时, 线路电流波形将不再具有在正常工作状态下的电流周期性特点。

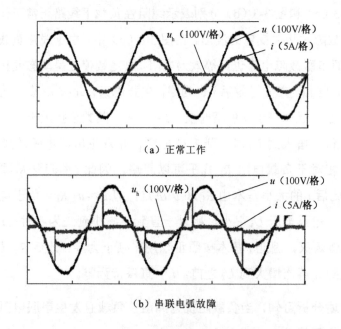

(a) 正常工作

(b) 串联电弧故障

图 3-3 纯阻性负载下的电压和电流波形

3.3 整流电路+电容滤波类负载下故障电弧对线路电流及电压和电流关系的影响分析

整流电路+电容滤波电路作为开关电源的输入级应用极为普遍，而很多负载都需要开关电源供电，如计算机、充电器和液晶显示器等。因此，研究整流电路+电容滤波类负载下电弧伏安特性对线路电流及电压和电流关系的影响具有重要意义。

由于整流电路+电容滤波电路的输出为直流，所以其后级电路可等效为一个电阻 R，并假定其输出电压为 U_c。实际中，为了抑制开关电源所产生的传导电磁干扰（EMI），往往需要在整流电路前加入 EMI 滤波器[23]。图 3-4 和图 3-5 分别为不加 EMI 滤波器和加 EMI 滤波器的整流电路+电容滤波类负载实验电路。

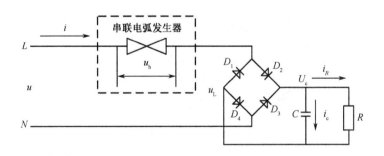

图 3-4 整流电路+电容滤波类负载实验电路（不加 EMI 滤波器）

图 3-6（a）和图 3-6（b）分别为不加 EMI 滤波器线路正常工作和发生串联电弧故障时相关变量的波形。两个波形中都存在脉冲电流，并且具有类似的"零休"现象，但图 3-6（a）是因为当 u 小于 U_c 时，二极管均不导通导致的。由于在串联电弧故障情况下弧隙间距及弧隙电阻动态

变化，因此图 3-6（b）所示故障电弧波形依然具有随机性的特点，通过检测是否具有随机性可以分辨正常状态与电弧故障状态。

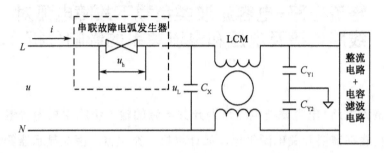

图 3-5　整流电路+电容滤波类负载实验电路（加 EMI 滤波器）

图 3-6（c）和图 3-6（d）分别为加 EMI 滤波器线路正常工作和发生串联电弧故障时相关变量的波形。从图 3-6（c）可以看出，由于滤波器中存在电感，所以线路电流波形不存在突变现象。尽管也具有类似的"零休"现象，但是其电流为零的时间要远大于纯阻性负载下因故障电弧导致的"零休"时间，而且每工频半周期内的电流波形基本相同，因此没有串联故障电弧发生时的随机性特点。

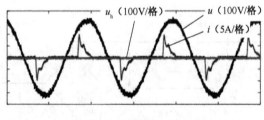

（a）正常工作（不加 EMI 滤波器）

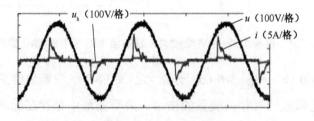

（b）串联电弧故障（不加 EMI 滤波器）

图 3-6　整流电路+电容滤波类负载下的电压和电流波形

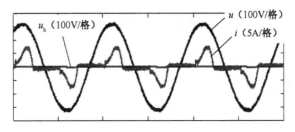

(c)正常工作(加 EMI 滤波器)

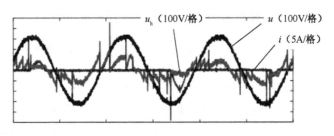

(d)串联电弧故障(加 EMI 滤波器)

图 3-6　整流电路+电容滤波类负载下的电压和电流波形(续)

对图 3-6(d)的解释如下:由于存在整流滤波电容,当 u 过零时 i 也为零。当 u 增大到 U_z 时,弧隙被击穿,产生串联故障电弧,R_h 将迅速减小,由于此时 U_z 小于 U_c,整流二极管仍然反向截止,同时由于 EMI 滤波器中电感对电流的阻碍作用,电流 i 中的大部分将给 C_x 充电,充电瞬间 i 的数值将迅速从零增大到 $(U_z-u_L)/R_h$(注:电压过零后第一次电弧时 $u_L \approx 0$)。由于电容 C_x 数值较小,u_L 的增大速度远高于 u 的增大速度,导致 u_h 迅速减小并小于 U_s,电弧熄灭,i 将迅速减小到零,表现为脉冲的形式。由于滤波电感的作用,之后电容 C_x 上的电压 u_L 变化不大。随着 u 的增大,当 $u > u_L + U_z$ 时,弧隙再次被击穿,i 同样表现为脉冲形式,如此反复。u_L 将不断增大,直到 u_L 的值接近 U_c,如果此时 u 继续增大,且当 $|u| > U_c + U_z$ 时,再次产生电弧。此时二极管是否导通存在一定随机性,原因如下:由于弧隙间距的不确定性,在一定的电流下,熄弧电压 U_s 也是不确定的。当弧隙被击穿后,如果在 u_L 增大的过程中 u_h 一直大于 U_s,则电弧不会熄灭,二极管将会导通;如果在 u_L 增大的

过程中出现 $u_h<U_s$，电弧将熄灭，二极管就不会导通。

从上述分析可知，整流电路前有 EMI 滤波器且发生串联电弧故障时，电路具有以下特性。

（1）在工频半周期内将可能发生多次脉冲电流，脉冲电流的次数并不固定，且在电压 u 增大阶段产生的脉冲电流次数比减小阶段多，因为电压减小阶段二极管有可能导通，从而形成稳定的线路电流 i。

（2）i 的波形在不同工频半周期内同样具有随机性特点。

利用上述特点可较为容易地判断此负载下的串联故障电弧。需要指出的是，由于加 EMI 滤波器的整流电路+电容滤波类负载在发生串联电弧故障时，受电容 C_x 的影响会产生脉冲电流，因此纯电容负载下发生串联电弧故障时也会产生类似的脉冲电流。本文不再单独对纯电容负载下串联故障电弧波形进行分析总结。

3.4 感性负载下故障电弧对线路电流及电压和电流关系的影响分析

当图 3-2 中的负载 Z 为电感 L 时进行相关实验。图 3-7（a）和图 3-7（b）分别表示纯感性负载下线路正常工作和发生串联电弧故障时相关变量的波形。在图 3-7（b）中，i 落后于 u 约 90°，当 u 处于最大值时，i 过零，电弧熄灭。此时由电弧伏安特性可知，u_h 基本为零，不足以击穿弧隙，但是在电弧熄灭后 R_h 将迅速增大，相当于 u 全部加在弧隙两端。由于 u 和 i 相差约 90°，此时 u 在峰值附近并大于 U_z，会很快将弧隙击穿，R_h 又将迅速变得很小。因此，当负载为感性负载时的"零休"时间远小于纯阻性负载下的"零休"时间。

通过上述分析可知，当负载阻抗接近纯感性负载且发生串联电弧故障时，电路具有以下特性。

（1）u 超前 i 约 90°；

（2）"零休"现象不明显；

（3）不存在电流突变现象，i 基本上按照正弦规律变化。

图 3-7（c）表示阻感负载下发生串联电弧故障的相关变量波形。从图 3-7（c）中可以看出，发生串联电弧故障时有可能出现脉冲电流，主要原因在于电感线圈匝与匝之间不可避免地存在寄生电容 C_w，该寄生电容可等效于并联在电感线圈两端，如图 3-8 所示。与接近纯感性负载时不同之处在于，i 过零，电弧熄灭，R_h 将迅速增大，尽管此时也相当于 u 全部加在弧隙两端，但 u 并不在峰值附近，不一定会大于 U_z，需要等到 u 增大到 U_z 后才能将弧隙击穿。如果弧隙被击穿，击穿瞬间 i 的大部分将给寄生电容 C_w 充电，从而产生脉冲电流，即当阻感负载时，在"零休"时间内有可能会出现脉冲电流。因此，阻感负载下发生串联电弧故障时电路具有以下特性。

（1）u 超前 i 一定角度；

（2）存在明显"零休"现象；

（3）"零休"时间内可能出现几次脉冲电流。

上述特点可以作为阻感负载下检测串联故障电弧的依据。

上述分析了由于故障电弧导致的线路电流有效值减小、线路电流出现"零休"现象、线路电流发生突变现象、线路电流在每个周期呈现随机性等特点。由于线路电流会发生突变现象，如果对线路电流进行频域分析，必将出现高频噪声分量，且在频域内也将呈现随机性的特点。

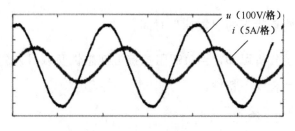

（a）正常工作

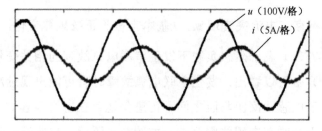

（b）串联电弧故障（接近纯感性负载）

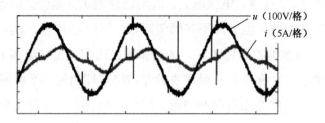

（c）串联电弧故障（阻感负载）

图 3-7　阻感负载下的电压和电流波形

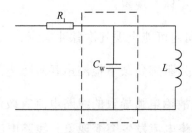

图 3-8　阻感负载的等效电路

3.5 故障电弧对几种民用负载下的电流波形影响分析

无论是 UL—1699、GB/T 31143—2014，还是 GB/T 14287.4—2013 都要求故障电弧检测保护设备在几种常用家用电器设备作为负载时能有效辨别故障电弧。因此，为了对发生电弧故障时线路电流在不同负载下电流的随机性、"零休"现象、高频分量增加、电流突变等特征进一步认识，下面对几种民用负载下正常工作时和发生电弧故障时的线路电流的实验波形进行分析。

首先利用录波仪采集几种常用负载下连续三个周期正常工作时和发生电弧故障时的线路电流波形，采样频率为 200kHz。负载类型包括白炽灯、荧光灯、真空吸尘器（包括大功率和小功率两种工作状态）、电钻和卤素灯。为了分析发生电弧故障时线路电流高频分量增加及随机性变化明显等特征，对三个周期中每个周期的正常工作和故障电弧状态的电流波形进行傅里叶变换，得到频谱波形。

图 3-9 所示为白炽灯负载下在正常工作和发生串联电弧故障时的线路电流波形。由于白炽灯为纯阻性负载，线路电流必然有明显的"零休"现象，而且"零休"时间并不固定，线路电流在不同的工频半周期内有明显的随机性，线路电流从零开始增大时有突变现象。图 3-10 为白炽灯正常工作和发生故障电弧时三个周期的电流信号的频谱波形，其中发生电弧故障时的信号高频分量明显升高，而且每个周期的频谱波形都不一致，电流信号在高频段随机性特征明显。

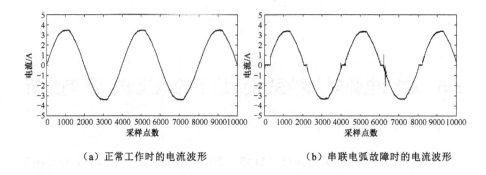

图 3-9　白炽灯负载下的电流波形

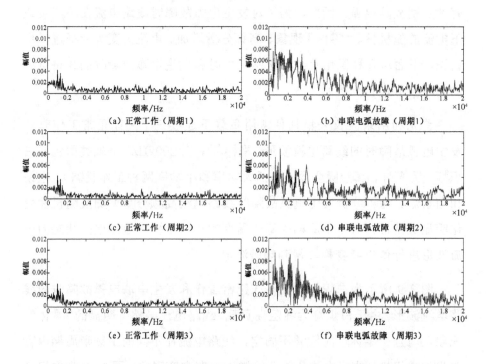

图 3-10　白炽灯负载下正常工作和发生串联电弧故障的 FFT 分析波形

当负载为一个包含滤波线圈的电子灯光调节器（可控硅型）控制白炽灯时，以导通角 60°为例。图 3-11 为白炽灯负载（有电子灯光调节器）在正常工作和发生串联电弧故障时的线路电流波形。当正常工作时，由于导通角不为零，线路电流同样有明显的"零休"现象且具有周期性的特点；但当发生串联电弧故障时，"零休"时间将更长，表现为电流周期性丧失的随机性特点明显。

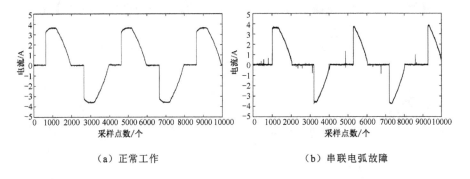

(a) 正常工作　　　　　　　　(b) 串联电弧故障

图 3-11　白炽灯负载（有电子灯光调节器）下的电流波形

图 3-12 为白炽灯负载（有电子灯光调节器）下线路正常工作和发生串联电弧故障时线路电流信号的频域分析波形。与白炽灯负载在无灯光调节器条件下一致，当发生串联电弧故障时，线路电流高频分量有明显增加，频域上随机性的特点明显。

按照对白炽灯的实验方法，分别对荧光灯负载、真空吸尘器（大功率和小功率两种工作状态）、电钻、卤素灯几种负载进行了实验，实验波形分别如图 3-13～图 3-22 所示。可以看出，如果不是纯感性负载，当发生电弧故障时，线路电流波形都会存在"零休"现象。尽管有的负载在正常工作时，也存在"零休"现象，但当发生电弧故障时，"零休"时间更长。当发生串联电弧故障时，线路电流波形中高频分量明显高于正常工作时的高频分量，同时由于故障电弧随机性的特点，电流信号将丢失严格意义的周期性，无论在时域波形上看，还是从频谱波形上看，这一特点都较为明显。对于一些抑制性负载，在正常工作时，即使线路电流存在较大的高频分量，但电流信号仍然是周期性的；当发生串联电弧故障时，线路电流的周期性会丢失，同时高频分量会有明显的增加。

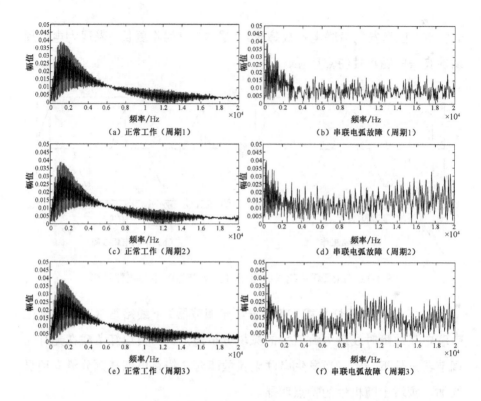

图 3-12 白炽灯负载（有电子灯光调节器）下正常工作和
发生串联电弧故障的频域分析波形

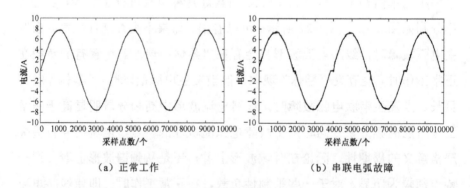

图 3-13 荧光灯负载下的电流波形

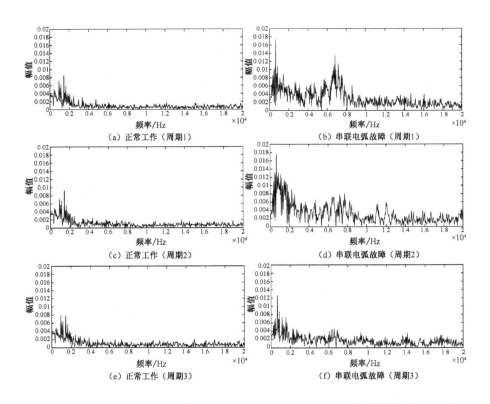

图 3-14 荧光灯负载下正常工作和发生串联电弧故障的频域分析波形

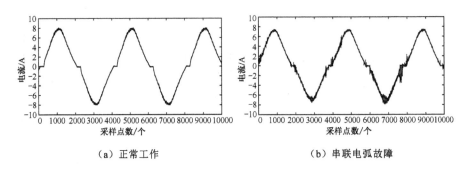

图 3-15 吸尘器负载大功率工作下的电流波形

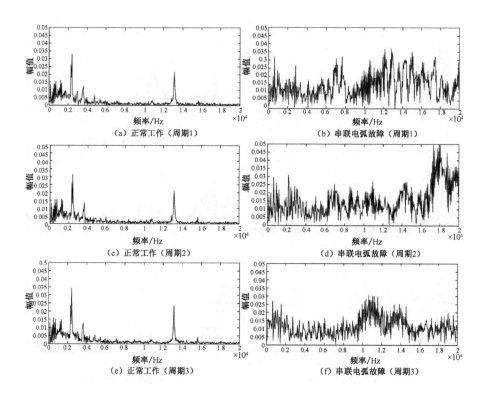

图 3-16 吸尘器负载大功率下正常工作和发生串联电弧故障的频域分析波形

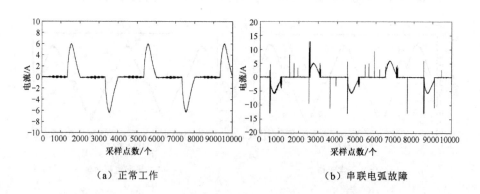

图 3-17 吸尘器负载小功率工作下的电流波形

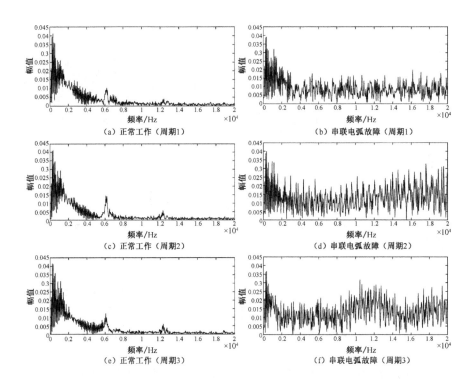

图 3-18 吸尘器负载小功率下正常工作和发生串联电弧故障的频域分析波形

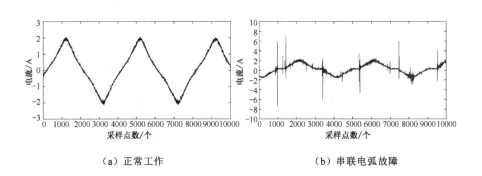

图 3-19 电钻负载下的电流波形

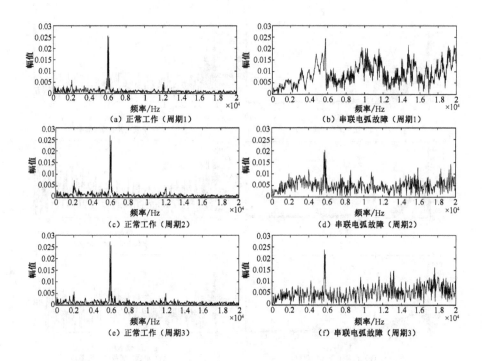

图 3-20　电钻负载下正常工作和发生串联电弧故障的频域分析波形

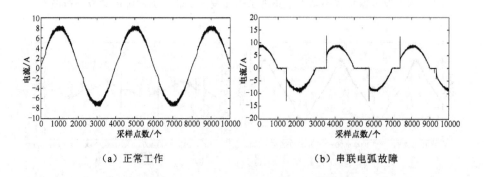

图 3-21　卤素灯负载下的电流波形

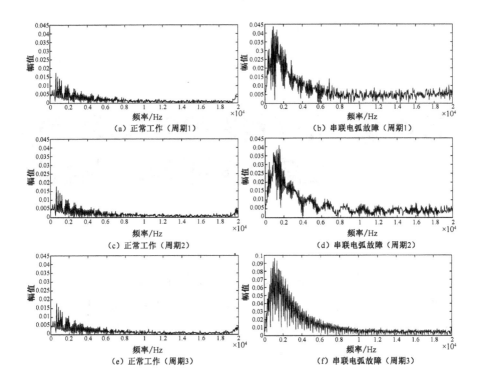

图 3-22 卤素灯负载下正常工作和发生串联电弧故障的频域分析波形

3.6 本章小结

本章结合不同负载对发生电弧故障时线路电流波形在时域上的变化规律进行了理论分析。在此基础上通过实验进一步分析了当发生电弧故障时几种常见负载线路电流在频域上的变化情况，可以帮助读者更深入地理解当发生电弧故障时线路电流的"零休"现象、随机性特点、高频分量增加、线路电流有效值下降等特征，为后续章节介绍的故障电弧检测方法提供了理论基础。

第 4 章　基于线路电流高频分量及随机性的故障电弧检测

第 3 章深入分析了发生电弧故障对交流线路电流的影响。当发生电弧故障时，线路电流可能出现平肩、脉冲、丧失严格的周期性、高频分量明显增大等特征。本章将分析如何检测和利用这些特征进行故障电弧辨别，并给出几个实用检测算法。

4.1　故障电弧检测的硬件原理

对故障电弧进行检测，离不开相应的硬件设计。一般故障电弧保护装置硬件基本结构原理图如图 4-1 所示，包括微处理器（一般由单片机或 DSP 构成）、电流互感器、电压检测电路、调理电路、电弧故障特征提取电路、脱扣（报警）电路、开关装置。如果是故障电弧检测装置，则不需要开关装置和脱扣电路，只需要有报警指示即可。

电流互感器主要用于检测交流电路中线路电流，通过调理电路输入给电弧故障特征提取电路。电弧故障特征提取电路一般由高通滤波器、积分电路和比较电路组成。由于发生电弧故障时，线路电流中高频分量要比正常时大，因此采用高通滤波器有利于得到故障电弧时的电流特征信息。但随着微处理器性能的提高，也可将电流调理电路的输出直接传送给微处理器，由微处理器通过算法对调理后的电流信号进行故障电弧特征的提取。电压检测电路检测负载输入端的电压信号，对电压信号进行调理后输入微处理器，微处理器根据电压信号得到电压相位信息、过零点信息等，确保微处理器对每个电压周期（电压周期可以是一个电压工频周期，也可为工频半周期）内的电流信号进行处理，以一个周期为时间单元判断是否在该时间单元发生了电弧故障，当判断出这个周期内发生了电弧故障时，发出相应的报警信号。也可在微处理器内部设定故障电弧计数器，当判断出一个周期内发生了电弧故障时，计数器增加计数值。当一定时间（如 1s）内的电弧数量超过一定阈值后，微处理器发出报警或者保护信号，如果在一定时间内计数值小于阈值，则不发出报警信号。这样可以屏蔽由于插拔插头等原因导致的偶发电弧触发报警或者保护信号。

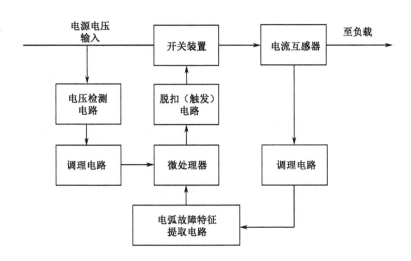

图 4-1　故障电弧保护装置的硬件基本结构原理

4.2 电弧特征的检测

4.2.1 线路电流高频分量及其随机性特征的检测

如第 3 章所述,当发生电弧故障时,线路电流的高频分量将会增加,同时由于故障电弧随机性特点,电流信号将丢失严格意义的周期性。如果是一些干扰性负载,即使线路电流存在较大的高频分量,电流信号依然是周期性的。因此,利用电弧的上述特点,人们提出了三周期算法,用于判断线路中的高频分量及其随机性特征[36]。

电弧故障特征提取电路原理框图如图 4-2 所示,包括高通滤波电路、放大电路、积分电路和比较电路四部分。由于发生电弧故障时,线路电流高频分量将增加,采用高通滤波电路可以提取相应的故障电弧电流特征。对高频分量放大处理后进行积分,一个周期结束后微处理器采样积分电路的输出值,该输出值可表示一个周期内所有高频分量的累积效果。当高频分量的值达到一定阈值后,即当线路电流发生明显突变时,比较电路输出为高电平,否则为低电平,因此比较电路的输出可表示某个频段高频分量的大小。

图 4-3 为一种放大电路和积分电路的原理图。其中 U_1、R_4 和 R_5 组成同相放大电路,对高通滤波输出信号进行放大;D_1 为二极管,阻止电容 C_3 的电压通过 D_1 支路放电,R_7 和 C_3 为积分电路,只要高通滤波器有输出,就会通过 R_7 向 C_3 充电,C_3 上的电压将不断累积。

第4章 基于线路电流高频分量及随机性的故障电弧检测

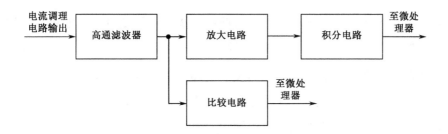

图4-2 电弧故障特征提取电路原理框图

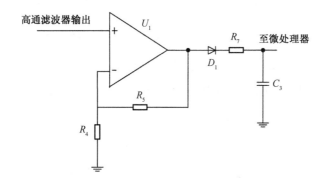

图4-3 放大电路和积分电路原理图

三周期算法总体思路如下所述。

（1）微处理器通过调理电路检测电源电压输入信号，根据电压信号确定每个周期的起始和结束时刻（即交流电压信号的过零点，相位为0°或180°），在每个周期结束时刻采样积分电路的输出电压并保存。

（2）微处理器输出控制信号将积分电路输出置零，以备下个周期积分电路输出电压从零开始增长并保存连续三个周期的积分值。

（3）微处理器对这三个积分值采用三周期算法计算其差异性。差异性越大，表明随机性越大，线路中产生电弧的概率越大。当差异性超过一定阈值时，则认为线路中产生了电弧。

需要注意的是，所采用的三个周期可以重叠也可以不重叠。如果三

59

个周期不重叠,则需要对六个半周期信号执行三周期算法,如果三个周期重叠,即前一个周期中的后半周期(即相位为180°～360°)作为下一个周期的前半周期(即相位为0°～180°),这样需要四个半周期以执行三周期算法。实际上也可将半个周期作为一个周期执行三周期算法,这样三周期算法只需要三个半周期积分值。

三周期算法的公式为

$$\text{TCA} = \left| \left(|V_{n-1} - V_n| + |V_{n+1} - V_n| - |V_{n+1} - V_{n-1}| \right) \right| \quad (4\text{-}1)$$

其中,V_{n-1}表示第一个电压周期内的线路电流高频分量的积分采样值;V_n表示第二个电压周期内的线路电流高频分量的积分采样值;V_{n+1}表示第三个电压周期内的线路电流高频分量的积分采样值。

从式(4-1)可知,如果没有发生电弧故障,由于电流信号的周期性特点,V_{n-1}、V_n、V_{n+1}基本相等。对这三个数值相互实施减法运算后,结果基本为零。因此,利用式(4-1)计算得到的 TCA 数值将很小,如果忽略测量误差,则 TCA 基本为零。对于一些干扰性负载,可能 V_{n-1}、V_n、V_{n+1}数值都较大,但是经过相互实施减法运算后,TCA 也基本为零。如果线路中存在电弧故障,由于电弧随机性特点,V_{n-1}、V_n、V_{n+1}这三个数值相互之间的差异性较大,因此相对于不发生电弧故障时,TCA 数值将明显增大。如果 TCA 超过一定阈值,则认为相应周期内产生了电弧。

利用三周期算法判断故障电弧的程序流程如图 4-4 所示。从每个周期开始重置积分电路,使其输出为零。之后检测电源输入电压,并判断该电压是否进入下一个过零点附近。一旦电压检测值低于设定的电压阈值 sample1,则认为进入了输入电压下一个过零点,即当前周期的结束时刻,此时微处理器采样积分电路输出电压并保存。然后执行三周期算法计算 TCA,当 TCA 超过一定阈值时,则认为线路中发生了电弧故障,程序发出报警或者使内部电弧计数器加 1。

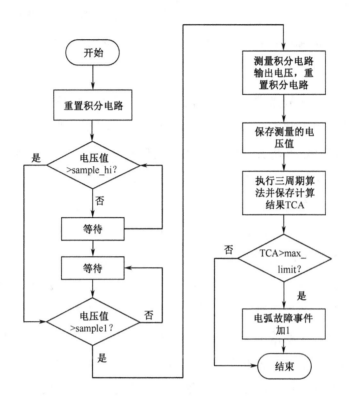

图 4-4　三周期算法判断故障电弧程序流程图

三周期算法有效利用了产生电弧时线路电流存在的高频分量及随机性的特点，大部分场合下具有较好的辨别电弧效果。但是在一些干扰性负荷启动或者停止时，尤其是负载启动或者停止过程时间较长时，也容易造成误判，而且阈值需要通过实验方法确定。

4.2.2　电流脉冲特征检测

三周期算法是基于发生电弧故障时线路电流的高频分量增大且丢

失周期性这一特点而提出的。但是一些负载启动或者停止时,往往也会导致对故障电弧的误判。为了进一步提高故障电弧的检测准确度,可结合发生电弧故障时线路电流的脉冲特征进一步完善故障电弧检测的三周期算法。

当发生电弧故障时,线路电流高频分量增大,如第 3 章所分析,线路中往往会出现脉冲电流,导致较大的 di/dt。因此,进一步检测线路中的脉冲电流特征并将其作为判断故障电弧的条件之一,将会提高故障电弧检测的准确度。图 4-5 为一种实现比较功能的电路原理图,可认为是图 4-2 中比较电路框图的原理图实现。经高通滤波后的信号输入至比较器的同相输入端,基准电压 V_{ref} 经电阻分压后输入至比较器的反相输入端。比较器输出连接至微处理器。当线路电流 di/dt 较大,高通滤波器输出高于 $V_{ref} R_3/(R_2+R_3)$ 时,比较器的输出将为高电平,反之比较器的输出为低电平。微处理器对比较器输出为高电平的次数进行计数。当发生电弧故障时,一般情况下每个周期(或者每个半周期)内的计数值并不相同,且计数值呈现随机性变化,而正常状态下,即使是干扰性负载,每个周期的计数值基本相同。微处理器检测每个周期内比较器产生高电

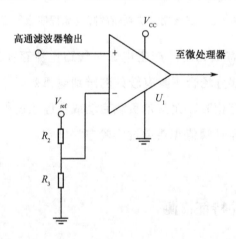

图 4-5 比较电路原理图

平的次数,并分析连续多个周期内的高电平次数的周期性,利用该信息作为判断故障电弧的前提条件,该方法被称为脉冲电流计数法。

脉冲电流计数法的主要实现思路如下所述。

(1)微处理器将检测到的脉冲计数值存入数组,比如当微处理器检测到连续四个周期内的脉冲计数值分别为0、k、0、k,将计数值存入数组表示为[0,k,0,k],0和k分别表示脉冲计数值为0和k。

(2)对数据组内数据的周期性进行分析,在本例中前两个周期的计数值与后两个周期的计数值呈现周期性特点,此时可判断为不是故障电弧,而是一些干扰负载导致的。同理,当脉冲计数值为[0,0,k,k]、[k,k,0,0]等多种情况时,均不应认为是故障电弧导致的。

(3)为了提高算法的判断速度和准确度,可将某些干扰性负载及线路没有发生电弧故障时连续多个周期计数值,事先存入数组,称为预定数组。微处理器将检测到的脉冲计数值存入数组,之后与预定数据组内的脉冲数量进行对比分析。如果两者相匹配,不应该认为是故障电弧,否则将认为有可能发生了电弧故障,但具体是不是电弧故障,还应看三周期算法的计算结果。

利用电流脉冲计数法,还可以从更大的周期对脉冲计数值的周期性进行分析。比如,分析四个周期或者六个周期甚至更多周期内脉冲计数的周期性。因为有些负载(比如空气压缩机)正常工作时,其电流也具有周期性的特点,但是其周期比半个周期更大,此时还需从更大的周期分析脉冲电流的周期性。

电流脉冲计数器算法流程图如图4-6所示。每个周期开始时,将计数值存入测量数组,分析测量数组中各计数值的完整性和有效性,即数组中每个数据均有效,且不完全相等。如果完全相等可以认为是计数值的周期性,不可能是故障电弧导致的。之后确定测量数组与预定数组是否相匹配，如果相匹配，则表示没有发生电弧故障，是一些干扰负载导致的，即使三周期算法计算得到的 TCA 大于阈值，也不应该认为是电弧故障。反之则认为有可能是故障电弧引起的，允许故障电弧报警输出，但是不是故障电弧还应继续看三周期算法的计算结果。

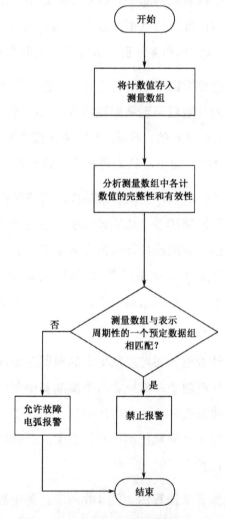

图 4-6　电流脉冲计数器算法流程图

为了进一步提高电流脉冲计数法的判断效果，可对脉冲计数法进一步改进和完善，称为第二脉冲电流计数法。执行第二脉冲电流计数法时，微处理器除了保存每个周期的脉冲计数值，还需保存输出脉冲对应的时刻（即相对于电压过零点的相位）。这样微处理器不仅可以从脉冲计数值的数量上分析周期性，还可以从脉冲发生的时间上分析其周期性。如果连续多个周期都是在相同的时刻存在脉冲电流，则可认为是干扰性负载导致的，不允许微处理器发出故障电弧报警信号。如果脉冲发生时刻具有较大的不一致性，则认为符合故障电弧的随机性特点，允许发出故障报警信号，但是不是被判断为故障电弧，还需要进一步根据三周期算法的计算结果来判断。

第二脉冲电流计数算法流程图如图 4-7 所示。

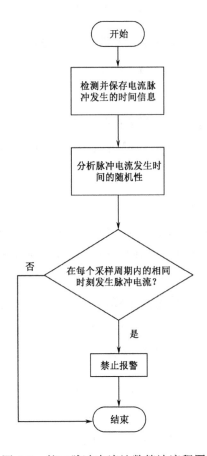

图 4-7　第二脉冲电流计数算法流程图

4.2.3 负载切换与电弧特征的辨别

将三周期算法与电流脉冲计数算法相结合,可以进一步提高故障电弧判别的准确性,减少干扰性负载引起的误判。为了进一步提高故障电弧检测准确度,降低因负载切换等原因产生的干扰而影响故障电弧的判别,微处理器可进一步在三周期算法基础上增加电弧事件计数器算法。该算法有选择性地对电流脉冲进行计数,并以此作为判断是否发生电弧故障的依据之一,称为电弧事件计数器算法。

电弧事件计数器算法具体实现过程如下所述。

(1)微处理器定时采样积分电路的输出值,并将采样值与微处理器设定的第一阈值进行比较,当采样值超过第一阈值时,微处理器内部电弧事件计数器 1 开始增加。

(2)微处理器进一步判断采样值是否超过第二阈值(可设定第二阈值大于第一阈值),当采样值超过第二阈值时,微处理器内部电弧事件计数器 2 也开始增加。

(3)电弧事件计数器 1 和电弧事件计数器 2 的输入信号依然为上述电压比较器的输出,当比较器输出为高电平时,其计数值加 1。在此过程中,保存一个周期内特定的两个时刻积分电路输出电压采样值。假设本周期对应两个时刻输出电压采样值分别为 V_{31} 和 V_{32},之前的两个周期对应时刻的积分电路输出电压采样值分别为 V_{11}、V_{12}、V_{21} 和 V_{22}。将 V_{11}、V_{21}、V_{31} 和 V_{12}、V_{22}、V_{32} 分别作为三周期算法的两组数据,利用三周期算法计算其对应的输出值 TCA1 和 TCA2。

(4)判断 TCA1 是否超过第一预定的随机性阈值,如果超过,则继续判断电弧事件计数器 1 的计数值。如果计数器 1 的计数值超过所设定的第一预定事件数后,则认为发生了电弧故障。同时如果 TCA2 超过第二预定的随机性阈值,则继续判断电弧事件计数器 2 的计数值,如果计数器 2 的计数值超过所设定的第二预定事件数后,则同样认为发生了电弧故障。即必须同时满足两个条件,才认为发生了电弧故障。

电弧事件计数器法的程序流程图如图 4-8 所示。

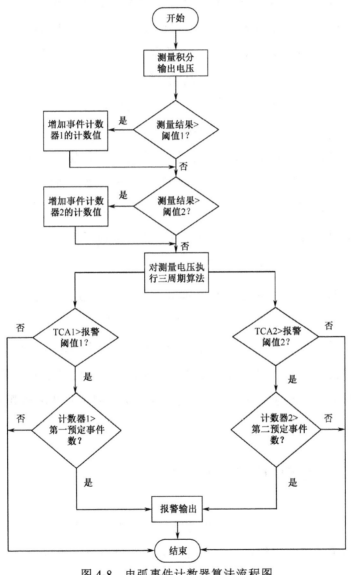

图 4-8 电弧事件计数器算法流程图

虽然电弧事件计数器与脉冲电流计数器的输入均为比较器的输出信号，但是电弧事件计数器的计数值与脉冲电流计数器的计数值并不相同。因为只有积分电路输出电压达到一定阈值后，微处理器才发出启动电弧事件计数器工作信号，否则电弧事件计数器并不启动计数，而电流脉冲计数器在一个周期内一直在计数。线路中负载电流突然发生变化，会导致积分电压突然增大，此时有可能是故障电弧导致的，也有可能是负载扰动、切换等原因导致的。如果是负载扰动、切换等原因而导致，则之后线路电流信号不会有太多波动，因此当电源输入电压进入过零点时，电弧事件计数器的计数值将较小。如果是因为故障电弧导致积分电路输出电压输出值较大，启动电弧事件计数器后，由于电弧导致的线路电流高频分量增加较多，在该电压周期结束时，电弧事件计数器的计数值相对较大，而如果仅仅利用三周期算法进行故障电弧的检测，很可能会出现三周期算法的输出值大于设定的阈值，出现误判。因此，电弧事件计数器算法将三周期算法与电弧事件计数值相结合，可以有效避免因负载扰动、切换等原因导致的误判。

电弧事件计数器算法的优点是可以避免因干扰切换信号而引起的误判。尽管干扰信号可导致积分电路输出电压较大，但不一定表示产生了电弧。通过利用三周期算法及电弧计数器中的电弧事件计数值，可以更可靠地判断在一个周期内是否产生了电弧。如果电弧事件计数器的计数值不够大，则认为是由干扰负载导致的，从而避免对故障电弧的误判。

4.2.4 故障电弧的检测算法实现

如前所述，如果能将三周期算法、脉冲电流计数算法、电弧事件计数算法等多种算法进行融合，则可大大提高故障电弧的检测准确度。融合上述三种算法的故障电弧检测算法流程图如图 4-9 所示。

第4章 基于线路电流高频分量及随机性的故障电弧检测

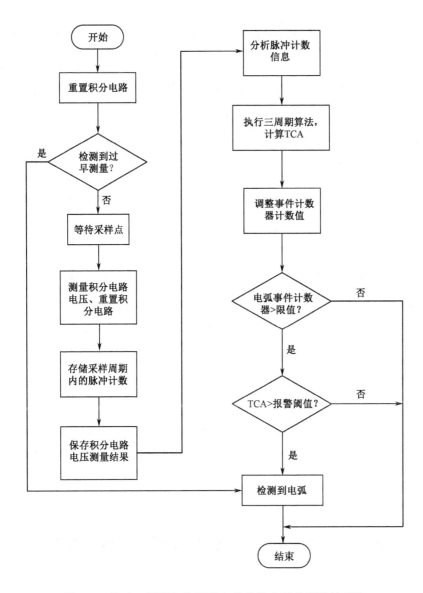

图 4-9 基于三周期多信息融合的故障电弧检测算法流程

该算法的工作过程为：在每个电源输入电压过零点，微处理器重置积分电路，使其输出为零。微处理器通过电压检测电路测量输入电压，并根据电压过零点等信息确定何时采样积分电路的输出电压。正常情况下，测量积分电路输出电压的时间间隔是固定的，为周期性的。但是当

69

线路中发生并联电弧故障或者短路故障时，线路电流将会突然增大并将持续下去，负载输入电压将会因此而下降，导致误判电压过零点时刻，微处理器过早测量积分电路的输出电压。此外，在此类故障时，积分电路的输出电压将会明显增大。因此，当微处理器发现过早测量积分电路的输出电压时，可以判断发生了并联电弧故障或者短路故障，此时应该发出相应的报警信号。

如果没有出现过早测量积分电路输出电压信号，则微处理器继续检测输入电压，并等待采样点的到来。采样点到来时，微处理器采样积分电路的输出电压，之后重置积分电路使其输出为零。此时应保存电流脉冲数量及各脉冲对应的时间信息，还应保存积分电路的输出电压并赋给相应变量。之后使用电流脉冲计数算法分析储存的脉冲计数信息，并利用保存的连续三个周期的积分电路的输出电压执行三周期算法，得到TCA 数值。按照电弧事件计数器算法调整电弧事件计数器的计数值，判断计数值是否大于设定的阈值，如果不大于则认为没有发生电弧故障；如果大于设定的阈值，则继续判断 TCA 数值是否大于设定的报警阈值，如果两个条件均满足，则认为线路中发生了电弧故障，发出相应的报警或者保护信号。

4.3　基于电流信号频谱数字化处理的检测方法

当发生电弧故障时，线路电流高频分量明显，用模拟滤波电路检测电流的高频分量，很难量化分析。如果提取电流信号多个特定频率下的幅值，需要设计多个滤波电路，电路复杂且不易整定。随着微处理器性能的不断提升，利用微处理器直接进行数字信号处理，很容易提取特定

第4章 基于线路电流高频分量及随机性的故障电弧检测

高次谐波幅值,可以更方便准确地对电流信号进行频谱分析。如第3章所述,串联电弧相当于串联在电路中的一个动态电阻,会导致线路中电流下降;产生电弧时高频分量增大,这也将会引起偶次谐波及奇次谐波幅值的增加;故障电弧的随机特性会引起线路电流丧失严格意义上的周期性,因此如果比较每个周期的偶次谐波或者奇次谐波幅值,其变化量将比正常状态时要大。

基于产生电弧时线路电流的上述特征,结合数字信号处理方法,文献[72]提出一种串联故障电弧检测方法和故障电弧保护器的实现原理,其硬件原理图如图4-10所示。原理图中包括电源电路、电流感测电路、放大滤波电路、电压过零比较电路、微处理器及脱扣触发电路等线路结构。电流互感器采集电路中的电流信号,经过电流感测电路放大滤波后输入至微处理器的A/D端口。电压过零比较电路用于线路电压过零点的检测,当输入电压高于零时,输出高电平;当输入电压低于零时,输出低电平。微处理器根据电压过零比较电路输出的电平转换时刻确定输入电压的过零点及新的电压周期。

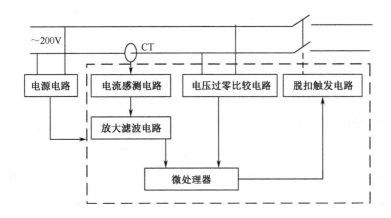

图4-10 故障电弧断路器硬件原理图

故障电弧检测方法流程如下所述。

（1）微处理器检测到电压过零比较电路输出的由低变高的脉冲信号后，启动 A/D 定时采样程序，定时采集电流信号并保存，每个周期有 N 个采样点。电流采样信号记为 $x(n)$，$n=0,1,2,\cdots,N-1$，其流程如图 4-11 所示。从微处理器检测到新的电压周期开始，使能定时中断，中断服务程序定时采集电流信号并保存。利用其中 Flag_zero 标志变量，当微处理器检测到过零比较电路输出高电平时，执行 Flag_zero=1 命令，表示新周期开始。执行完当前周期的电流采样任务后，执行 Flag_zero=0 命令。

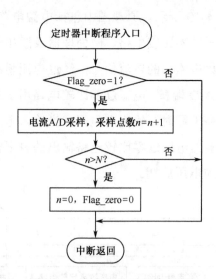

图 4-11　电流信号采集流程图

（2）故障电弧检测算法主程序流程图如图 4-12 所示。在图 4-12 中，检测到 Flag_zero=0，表示已完整采集一个周期的电流信号。设当前周期为刚执行完电流信号采集的周期，并定义为第 i 周期，对当前周期电流信号的采样值利用式（4-2）进行短时傅里叶变换（Short-time Fourier Transform，STFT）。

$$Y_i(k) = STFT(x_i(n)) \tag{4-2}$$

式中，$k=0,1,\cdots,N-1$。

第4章 基于线路电流高频分量及随机性的故障电弧检测

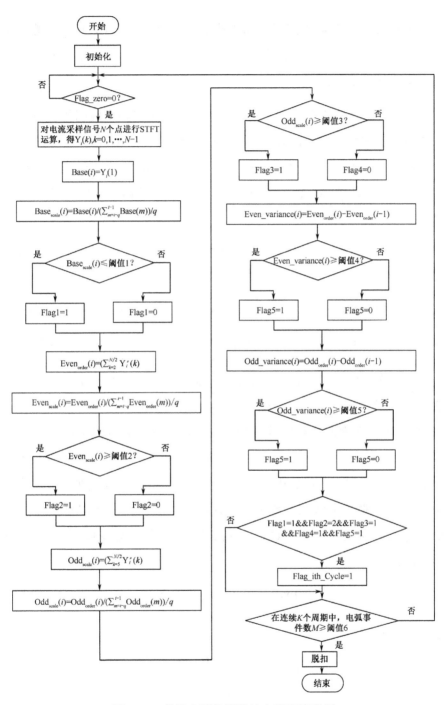

图 4-12　故障电弧检测算法主程序流程图

利用式（4-2）可得到基波幅值及 2 次，3 次，…，(N−1)/2 次谐波的幅值。当设定 STFT 窗口长度 T=20ms 时，频率分辨率为 1/T=50Hz，基波频率同样为 50Hz。

（3）将本周期的基波幅值 $Y_i(1)$ 与之前连续多个周期的基波幅值平均值进行比较，得到 $Base_{scale}(i)$。$Base_{scale}(i)$的表达式如式（4-3）所示。正常情况下，$Base_{scale}(i)$约等于 1。产生串联电弧时，由于线路电流有效值会下降。因此，$Base_{scale}(i)$低于 1 且超过设定的阈值 1 时，置标志变量 Flag1=1，否则 Flag1=0。

$$Base_{scale}(i) = \frac{Base(i)}{(\sum_{m=i-q}^{i-1} Base(m))/q} \quad (4-3)$$

式（4-3）中，$Base(i)$为本周期基波的幅值。$(\sum_{m=i-q}^{i-1} Base(m))/q$ 表示在第 i 个周期之前的 q 个周期基波幅值的平均值，q 为整数，一般 $q \geq 5$。

（4）将本周期的所有偶次谐波的幅值直接相加，得到本次周期的偶次谐波幅值总量 $Even_{order}(i)$。$Even_{order}(i)$ 的计算公式为式（4-4）。将 $Even_{order}(i)$与本周期之前连续多个周期的偶次谐波总量的平均值进行比较，得到 $Even_{scale}(i)$。$Even_{scale}(i)$的计算公式为式（4-5）。正常情况下，$Even_{scale}(i)$约等于 1。产生串联电弧时，由于线路电流的高频分量会进一步增加，一般偶次谐波分量和奇次谐波分量都比正常状态时要高。当 $Even_{scale}(i)$明显高于 1 且超过设定的阈值 2 时，置标志变量 Flag2=1，否则 Flag2=0。

$$Even_{order}(i) = \sum_{k=2}^{N/2} Y_i(k) \quad (4-4)$$

式中，k=2,4,…,N/2。

$$Even_{scale}(i) = \frac{Even_{order}(i)}{(\sum_{m=i-q}^{i-1} Even_{order}(m))/q} \quad (4-5)$$

式（4-5）中，$(\sum_{m=i-q}^{i-1} \text{Even}_{\text{order}}(m))/q$ 表示第 i 周期之前连续 q 个周期的偶次谐波幅值的平均值。q 为整数，一般 $q \geqslant 5$。

（5）按照上述偶次谐波的处理方式，将本周期的从第五次开始所有的奇次谐波的幅值直接相加，得到本次周期的奇次谐波幅值总量 $\text{Odd}_{\text{order}}(i)$。$\text{Odd}_{\text{order}}(i)$ 的计算公式为式（4-6）。将 $\text{Odd}_{\text{order}}(i)$ 与本周期之前连续多个周期的奇次谐波总量的平均值进行比较，得到 $\text{Odd}_{\text{scale}}(i)$。$\text{Odd}_{\text{scale}}(i)$ 的计算公式为式（4-7）。正常情况下，$\text{Odd}_{\text{scale}}(i)$ 约等于 1。产生串联电弧时，由于线路电流的高频分量会进一步增加，一般奇次谐波分量都比正常状态时要高。$\text{Odd}_{\text{scale}}(i)$ 明显高于 1 且超过设定的阈值 3 时，置标志变量 Flag3=1，否则 Flag3=0。

$$\text{Odd}_{\text{order}}(i) = \sum_{k=5}^{N/2} Y_i(k) \qquad (4\text{-}6)$$

式中，$k=5,7,\cdots,N/2$。

$$\text{Odd}_{\text{scale}}(i) = \frac{\text{Odd}_{\text{order}}(i)}{(\sum_{m=i-q}^{i-1} \text{Odd}_{\text{order}}(m))/q} \qquad (4\text{-}7)$$

式（4-7）中，$(\sum_{m=i-q}^{i-1} \text{Odd}_{\text{order}}(m))/q$ 表示第 i 周期之前连续 q 个周期的奇次谐波幅值的平均值。q 为整数，一般 $q \geqslant 5$。

（6）计算本周期偶次谐波总量 $\text{Even}_{\text{order}}(i)$ 与前一个周期的偶次谐波总量 $\text{Even}_{\text{order}}(i-1)$ 的差值 Even_variance(i)。Even_variance(i) 的计算公式为式（4-8）。正常情况下，Even_variance(i) 的值很小接近于零，但是当发生电弧故障时，由于电弧随机性特点，其差值会出现明显变化，Even_variance(i) 超过阈值 4 时，置标志变量 Flag4=1，否则 Flag4=0。

$$\text{Even\_variance}(i) = \text{Even}_{\text{order}}(i) - \text{Even}_{\text{order}}(i-1) \qquad (4\text{-}8)$$

（7）计算本周期奇次谐波总量 $\text{Odd}_{\text{order}}(i)$ 与前一个周期的奇次谐波总量 $\text{Odd}_{\text{order}}(i-1)$ 的差值 Odd_variance(i)。$\text{Odd}_{\text{order}}(i)$ 的计算公式为

式(4-9)。正常情况下，Odd_variance(i)的值很小，接近于零，但是当发生电弧故障时，Odd_variance(i)的数值会明显增加，当Odd_variance(i)超过阈值5时，置标志变量Flag5=1，否则Flag5=0。

$$\text{Odd\_variance}(i) = \text{Odd}_{order}(i) - \text{Odd}_{order}(i-1) \qquad (4\text{-}9)$$

(8) 如果满足Flag1=1，Flag2=1，Flag3=1，Flag4=1，Flag5=1，则程序将认为当前周期产生了电弧，同时置标志变量Flag_ith_cycle=1。

(9) 微处理器进一步判断在连续的K个周期中产生电弧的周期数是否超过阈值6，如果超过则认为发生了电弧故障，微处理器发出脱扣保护信号。

从上述故障电弧判断算法中可以看出，微处理器判断每个电压周期中是否产生了电弧，需要满足的条件包括线路电流基波分量出现下降，本周期的偶次及奇次谐波总量较之前连续多个周期的偶次及谐波总量的平均值有明显增加，本周期的偶次及奇次谐波总量较前一周期的偶次及奇次谐波总量有明显变化。

本算法需要设定多个阈值，阈值的具体数值需要结合实验方式进行确定。同时由于对偶次谐波分量和奇次谐波分量的处理方式基本相同，因此在处理方式上还可以有进一步简化的空间。由于利用数字信号处理方式，可以得到各谐波幅值的更准确的数字信息，在线路电流较小时串联故障电弧的检测和辨别具有明显优势，也为实施更复杂准确的算法奠定了基础。在设计电流调理电路时，受A/D采样频率的限制，可根据发生电弧故障时的电流谐波的主要频率范围，设计相应的带通滤波器，滤掉特别高频的信号，使数字信号的计算更加准确。另外微处理器对电流信号进行频谱分析时，也可以一个电压半周期作为一个周期进行处理，此时STFT的时间窗口应为10ms。

4.4　本章小结

本章介绍了两种故障电弧的检测方法，一种是通过模拟滤波器提取电流信号高频分量，当高频分量超过一定数值后，进一步判断其随机性的检测方法；另一种是对电流信号数字化处理得到其频谱特征，进一步判断电流信号随机性的检测方法。但是两种方法的共同点是都用到了发生电弧故障时，电流信号的高频分量将增加，电流信号随机特性明显等特征。因此，可以说故障电弧检测方法的本质是如何合理利用发生电弧故障时电流的相关特征。

第5章 基于小波变换和奇异值分解的串联故障电弧检测方法

第4章介绍了利用短时傅里叶变换检测故障电弧的方法,很多时候在利用短时傅里叶变换进行信号处理时,一般窗口函数的时间难以确定得很合适。但是交流电路中由于电压周期是固定的,以电压周期确定窗口函数的时间顺理成章,这样利用短时傅里叶变换可以很容易得到每个电压周期电流函数的频谱信息,但是得到的频谱信息并不能显示频谱信息对应的时刻。发生电弧故障时,线路电流是相当于随时间变换的非平稳信号,特征将更加明显。小波变换在处理突变信号和非平稳信号时具有明显优势,不仅可以得到信号的频谱信息,还可以定位到时间,能得到信号的时频局部化特征,因此本章将介绍基于小波变换技术的故障电弧检测方法。

目前,小波变换用于串联故障电弧检测得到了广泛的研究,随着小波变换在串联故障电弧检测领域的研究不断深入,它也表现出一些不足:单纯利用小波变换对于串联故障电弧和正常状态区分度不明显,而且采集的电流信号经小波变换后得到的结果存在很大的冗余,增加了分析和解释小波变换结果的难度。奇异值分解(Singular Value Decomposition,

SVD）在压缩这种冗余性方面有独特的优势。近年来，小波变换和 SVD 这两种方法的结合在图像处理、信号处理和模式识别等领域已有较多的应用[79-82]。

鉴于小波变换良好的时频域分析功能及 SVD 在数据降维和压缩方面的优势，本章将介绍一种基于小波变换和 SVD 的串联故障电弧检测的方法。该方法首先对采集的电流信号进行离散小波分解；其次对分解后的小波系数进行降噪处理，得到降噪处理后的小波系数序列，构造特征矩阵；最后对特征矩阵进行奇异值分解，利用得出的奇异值定义电流信号的特征参数，并将特征参数作为串联故障电弧检测的依据。

5.1 小波变换和奇异值分解

5.1.1 小波变换的基本原理

小波变换的概念是在 1974 年由法国工程师 J.Morlet 初次提出的，它是在傅里叶分析的基础上发展起来的一种新的变换分析方法。傅里叶变换的基本思想就是将信号从时间域转换到频率域，把信号分解成很多个不同频率的正弦波叠加。傅里叶变换能够满足大多数应用的需求，但是傅里叶变换在转换的过程中丢掉了时间信息，所以无法对某一特定时间段的频域信息或者某一频率段对应的时间信息进行处理和分析。傅里叶变换的这种特性无法准确地分析非平稳信号，而在实际的信号中，大多都包含有许多非平稳成分，例如偏移、突变、趋势等，这些成分则是反映信号的重要特征指标。

与傅里叶变换相比，小波变换继承并发展了短时傅里叶变换局部化的思想，并且解决了傅里叶变换窗口大小不随频率变化等不足之处，小波变换可以提供一个随频率变化的自适应"时间-频率"窗口，从而可以有效地从信号中提取想要的信息。小波变换可以通过一系列变换充分突出信号在某些方面的特征，并且可以对时间（空间）频率的局部化进行分析，还可以通过伸缩平移运算来对信号（函数）逐步进行多尺度的细化，最终可以实现在高频处对时间进行细分，低频处对频率进行细分。小波变换可以自动适应对时频信号分析的要求，对信号的任意细节进行聚焦，从而解决了傅里叶变换所不能解决的许多问题。小波变换是在继傅里叶变换之后在科学方法上的一个重大突破，目前已经成为应用数学和工程学科中一个迅速发展的新领域[83-84]。

本章采用离散小波变换作为提取故障电弧特征的预处理手段，其基本原理如下所述。

设 $\psi(t) \in L^2(R)$ [$L^2(R)$ 表示平方可积的实数空间]，其傅里叶变换为 $\phi(\omega)$，若 $\phi(\omega)$ 满足约束条件

$$\int_R \frac{|\phi(\omega)|^2}{|\omega|} \mathrm{d}\omega < \infty \tag{5-1}$$

则称 $\psi(t)$ 为一个基本小波或母小波。由 $\psi(t)$ 经伸缩和平移得到的一组函数

$$\psi_{a,b}(t) = \frac{1}{\sqrt{|a|}} \psi\left(\frac{t-b}{a}\right) \tag{5-2}$$

称为连续小波基函数[83]。式（5-2）中，a 为伸缩因子，b 为平移因子，$a, b \in R$ 且 $a \neq 0$。

对于任意的函数 $f(t) \in L^2(R)$，其连续小波变换后的函数 $W_f(a,b)$ 定义为 $f(t)$ 与 $\psi_{a,b}(t)$ 的内积[84]，即

$$W_f(a,b) = <f, \psi_{a,b}> = |a|^{-\frac{1}{2}} \int_R f(t) \overline{\psi\left(\frac{t-b}{a}\right)} dt \tag{5-3}$$

将连续小波变换中的伸缩因子 a 和平移因子 b 进行离散化处理后，离散小波基函数 $\psi_{j,k}(t)$ 可表示为

$$\psi_{j,k}(t) = a_0^{-\frac{j}{2}} \psi\left(\frac{t - ka_0^j b_0}{a_0^j}\right) = a_0^{-\frac{j}{2}} \psi(a_0^{-j} t - kb_0) \tag{5-4}$$

而相应的离散小波系数 C 可表示为

$$C = a_0^{-\frac{j}{2}} \int_{-\infty}^{\infty} f(t) \overline{\psi(a_0^{-j} t - kb_0)} dt \tag{5-5}$$

5.1.2 奇异值分解的基本理论

奇异值分解是数值线性代数中一种重要的矩阵分解。目前，奇异值分解（包括它的各种推广形式）已成为线性代数（尤其是数值计算）中最有效的一种工具，它在数据统计分析、图像处理及其他工程领域被广泛应用。奇异值分解最早是由 Beltrami 在 1873 年对实正方矩阵提出来的；1874 年，Jordan 也独立地推导出了实正方矩阵的奇异值分解[86]。

SVD 本身是一种矩阵正交化分解方法，对于任意的矩阵 $A \in C_r^{m \times n}$（$C_r^{m \times n}$ 表示秩为 r 的 $m \times n$ 阶矩阵的集合），不管其行列是否相关，必定存在正交（或酉）矩阵 $U \in C^{m \times m}$ 和 $V \in C^{n \times n}$，使得

$$A = UDV^H \tag{5-6}$$

式中，$D = \begin{pmatrix} \Delta & 0 \\ 0 & 0 \end{pmatrix}$，$\Delta = \mathrm{diag}(\sigma_1, \sigma_2, \cdots, \sigma_r)$，并且 $\sigma_1 \geq \sigma_2 \geq \cdots \geq \sigma_r \geq 0$，称 Δ 中的元素 $\sigma_1, \sigma_2, \cdots, \sigma_r$ 为矩阵 A 的奇异值。

5.2 串联故障电弧的特征提取算法

5.2.1 数据预处理

电流信号在采集过程中不可避免地会混入高频干扰信号,影响特征提取的准确性。为了防止附加的噪声对串联故障电弧电流奇异性检测的结果产生影响,应对采集的电流信号进行降噪处理。其步骤如下:首先,对含噪电流信号 $f_1(t)$ 进行离散小波分解,得到一组离散小波系数序列 C_1;其次,对序列 C_1 进行阈值处理,得到另一组小波系数序列 C_2,要使 $|C_1-C_2|$ 尽可能小;最后,对序列 C_2 进行逆离散小波变换,重构出降噪之后的电流信号 $f_2(t)$。

硬阈值法处理能很好地保留原始信号中的尖峰、边缘等特征,但处理后的离散小波系数连续性不好,极易使得重构信号发生振荡;而软阈值法处理相对平滑,离散小波系数连续性好,但容易造成边缘模糊、清晰度不够等失真现象[83]。基于此,本章结合硬阈值法和软阈值法的优点,采用一种改进阈值函数进行离散小波系数的降噪处理,该函数在处理噪声和有用电流信号之间存在一个平滑过渡区,更符合电流信号的连续特性。其函数表达式为

$$\varphi(x) = \begin{cases} x + \mathrm{sgn}(x)(\dfrac{T}{2k+1} - T), & |x| \geq T \\ \dfrac{1}{(2x+1)T^{2k}} x^{2k+1}, & |x| < T \end{cases} \quad (5\text{-}7)$$

式中, x 表示含噪电流信号 $f_1(t)$ 分解后的离散小波系数, $\varphi(x)$ 表示降噪处理后的离散小波系数。根据最大最小估计的原则,得出的最优阈值 T 为

$$T = \delta_n \sqrt{2\ln N} \qquad (5\text{-}8)$$

式中，δ_n 表示噪声的标准差，N 表示电流信号的采样点数。

5.2.2 特征矩阵的构造

采集的电流信号经降噪处理和离散小波分解后得到的离散小波系数序列为 $C = (C_1, C_2, \cdots, C_N)$，直接对 C 进行 SVD，这是目前应用最广泛的一种小波变换和 SVD 的结合模式。但根据 SVD 的性质，除非采集的电流信号中包含了明显的故障电弧特征，否则直接对 C 进行 SVD 不一定会改善串联故障电弧特征的提取效果。因此，为了更好地利用 SVD 对串联故障电弧特征进行提取，需先利用 C 构造出特征矩阵 A，然后对特征矩阵 A 进行 SVD。矩阵 A 可采用汉克尔（Hankel）矩阵的形式，则利用 C 可以构造特征矩阵 A 如下

$$A = \begin{bmatrix} C_1 & C_2 & \cdots & C_n \\ C_2 & C_3 & \cdots & C_{n+1} \\ \vdots & \vdots & \ddots & \vdots \\ C_m & C_{m+1} & \cdots & C_N \end{bmatrix} \qquad (5\text{-}9)$$

式中，$1 < n < N$，$m = N - n + 1$。特征矩阵 A 行列维数的选择应满足：当 N 为偶数时，行数 $m = N/2 + 1$，列数 $n = N/2$；当 N 为奇数时，行数与列数均为 $m = n = (N+1)/2$。

5.2.3 特征参数的定义

SVD 对应的式（5-6）中的各个元素在本方法中的具体含义为：矩阵 A 表示由降噪处理后的离散小波系数序列 C 构造的特征矩阵，奇异值

$\sigma_1, \sigma_2, \cdots, \sigma_r$ 表示在该时频段内采集的电流信号特征量的大小，奇异值 $\sigma_1, \sigma_2, \cdots, \sigma_r$ 由矩阵 A 唯一确定。由矩阵进行 SVD 的性质可知，矩阵 A 的这些非零奇异值 $\sigma_1, \sigma_2, \cdots, \sigma_r$ 反映了矩阵 A 的本质特征。若将这些非零奇异值组成特征向量 $\boldsymbol{\sigma}=(\sigma_1, \sigma_2, \cdots, \sigma_r)$，则该特征向量唯一表征了电流信号的特征。

为突出线路中的电流信号在电弧故障和正常工作状态下的相对变化，对特征向量 $\boldsymbol{\sigma}=(\sigma_1, \sigma_2, \cdots, \sigma_r)$ 进一步处理，计算其平均值 k_1、均方根值 k_2 和标准差 k_3，并将其作为线路电流信号的特征参数，k_1、k_2、k_3 表达式如下

$$k_1 = \bar{\sigma} = \frac{\sigma_1 + \sigma_2 + \cdots + \sigma_r}{r} \tag{5-10}$$

$$k_2 = \sqrt{\frac{\sigma_1^2 + \sigma_2^2 + \cdots + \sigma_r^2}{r}} \tag{5-11}$$

$$k_3 = \sqrt{\frac{1}{r-1}\sum_{i=1}^{r}(\sigma_i - \bar{\sigma})^2} \tag{5-12}$$

根据在正常情况和串联电弧故障下的特征参数 k_1、k_2 和 k_3 的数值变化，探讨特征参数 k_1、k_2 和 k_3 与线路是否发生串联电弧故障之间的关系。

5.3 串联故障电弧模拟实验

国标 GB/T 31143—2014 规定：串联故障电弧模拟实验在阻性负载和 7 种抑制性负载下进行，电弧故障保护电器（Arc Fault Detection Devices，AFDD）应能够正确动作，并且在每一种抑制性负载下不会误动作，表 5-1 为 7 种抑制性负载及其对应的实验条件。因此，本章根据国标 GB/T

第5章 基于小波变换和奇异值分解的串联故障电弧检测方法

31143—2014 的要求在这 8 种负载下进行串联故障电弧模拟实验,实验中设定的采样频率为 10kHz,即在工频 50Hz 下每周期采样 200 个点。

表 5-1 7 种抑制性负载及其实验条件

序号	设备名称	实验条件
1	真空吸尘器 (带通用电动机)	额定电压 230V 时额定电流为 5~7A
2	电子式开关电源	额定电压 230V 时总负载电流不应小于 3A
3	电容器起动电动机 (空压机型)	电容器功率为 2.2kW
4	电子灯光调节器 (可控硅型)	包含滤波线圈的 600W 电子灯光调节器(可控硅型)控制 600W 钨丝灯负荷
5	卤素灯	由电子变压器供电的 12V 的卤素灯,总功率 300W,外加 5A 的阻性负载
6	荧光灯	2 个 40W 的荧光灯加 1 个 5A 的阻性负载
7	手持电动工具	600W 以上的电钻

图 5-1 为阻性负载和 7 种抑制性负载的正常工作电流和发生串联电弧故障时的电流波形。对图 5-1 进行分析和比较,可以看出每一种负载下的故障电流波形与其正常电流波形相比,都发生了明显的变化,并且发生电弧故障时均存在如下特征:在过零点前后存在"零休"现象,存在高次谐波,部分区间电流斜率增大,电流有效值减小和随机性等特征。

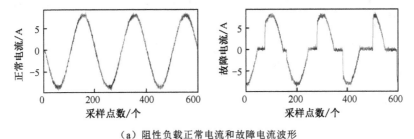

(a) 阻性负载正常电流和故障电流波形

图 5-1 阻性负载和 7 种抑制性负载正常电流和故障电流波形

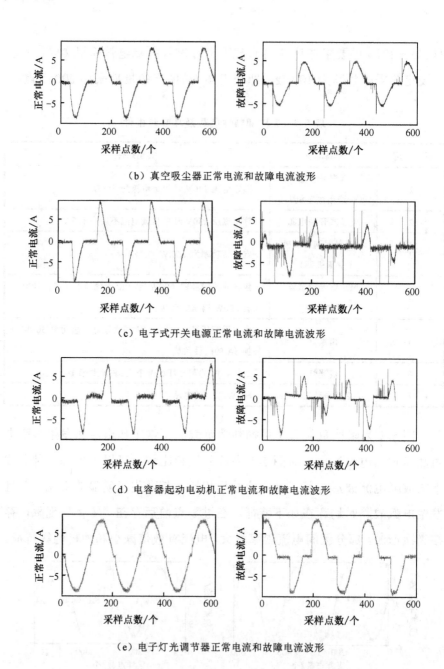

(b) 真空吸尘器正常电流和故障电流波形

(c) 电子式开关电源正常电流和故障电流波形

(d) 电容器起动电动机正常电流和故障电流波形

(e) 电子灯光调节器正常电流和故障电流波形

图 5-1 阻性负载和 7 种抑制性负载正常电流和故障电流波形（续）

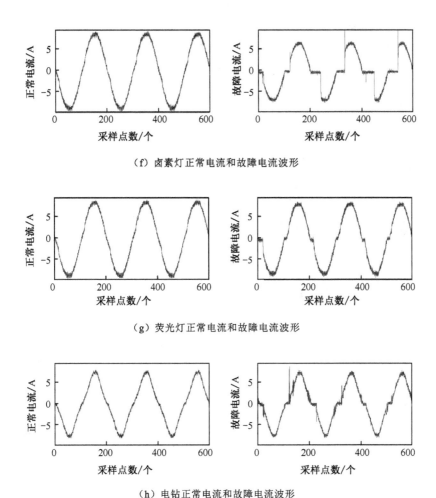

（f）卤素灯正常电流和故障电流波形

（g）荧光灯正常电流和故障电流波形

（h）电钻正常电流和故障电流波形

图 5-1 阻性负载和 7 种抑制性负载正常电流和故障电流波形（续）

利用式（5-7）对采集的电流信号进行降噪处理，图 5-2 为降噪处理后的阻性负载和 7 种抑制性负载的正常电流和故障电流波形。与图 5-1 相比，经小波阈值降噪后的电流波形在降噪的同时保留了"零休"现象、部分区间电流斜率增大、电流有效值减小和随机性等特征。

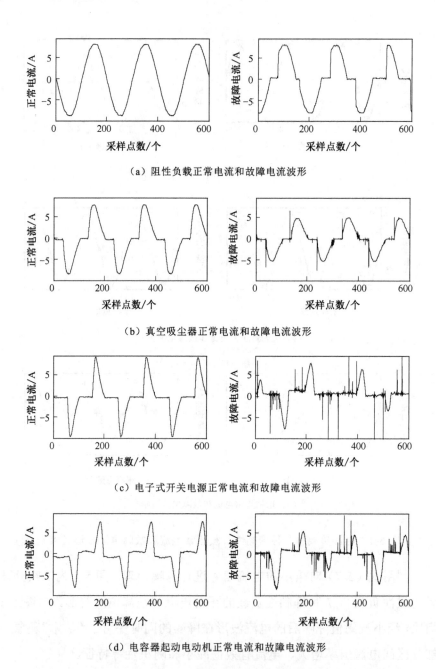

(a) 阻性负载正常电流和故障电流波形

(b) 真空吸尘器正常电流和故障电流波形

(c) 电子式开关电源正常电流和故障电流波形

(d) 电容器起动电动机正常电流和故障电流波形

图 5-2 降噪后阻性负载和 7 种抑制性负载的正常电流和故障电流波形

第5章 基于小波变换和奇异值分解的串联故障电弧检测方法

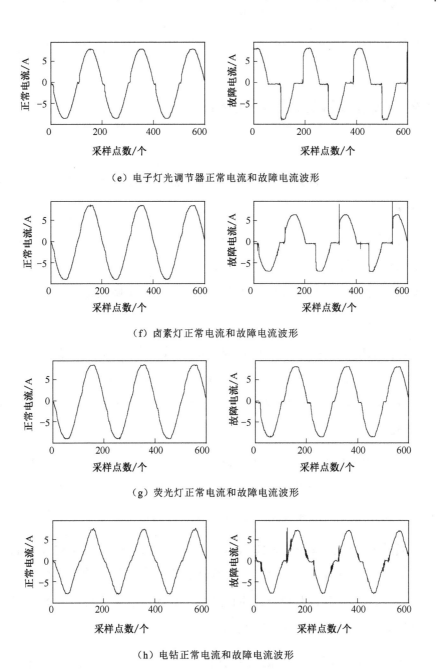

(e) 电子灯光调节器正常电流和故障电流波形

(f) 卤素灯正常电流和故障电流波形

(g) 荧光灯正常电流和故障电流波形

(h) 电钻正常电流和故障电流波形

图 5-2 降噪后阻性负载和 7 种抑制性负载的正常电流和故障电流波形（续）

5.4 实验验证结果与分析

使用离散小波变换和 SVD 两者结合的方法提取电流信号特征的具体步骤如下：

（1）利用小波基函数 Symmlets5（简称 Sym5）对采集的每个工频半周期的电流信号（一个工频周期采集 200 个点）进行 5 层分解，并利用式（5-7）对分解后的离散小波系数进行降噪，得到降噪处理后的离散小波系数序列 C；

（2）根据式（5-9）对降噪处理后的小波系数序列 C 构造特征矩阵 A。由于每个工频半周期的采样点数 100 是偶数，根据前文关于特征矩阵 A 行列维数选择的规则，在各层细节信号下都取行数 $m=51$，列数 $n=50$；

（3）利用式（5-6）对构造的特征矩阵 A 进行 SVD，得到一系列奇异值 $\sigma_1, \sigma_2, \cdots, \sigma_r$，并根据式（5-10）～式（5-12）分别计算出 8 种不同负载下线路正常工作和发生串联电弧故障时的特征参数 k_1、k_2 和 k_3。

通过 SVD，高维特征矩阵 A 被压缩为反映矩阵 A 本质特征的低维奇异值向量 $\sigma =(\sigma_1, \sigma_2, \cdots, \sigma_r)$，与离散小波系数序列 C 的维数相比，奇异值向量 σ 的维数大大减小，并且最终计算得出的各个特征参数可以更加直观地反映线路工作状态的变化。

表 5-2 为利用本章所提的方法和步骤，对图 5-2 中的各个波形进行处理后的特征参数表。从表 5-2 可以看出，串联故障电弧状态下的 k_1 与正常情况相比，发生了大幅度增长，区分度明显，而 k_2 和 k_3 也呈

现了不同程度的增大，但是幅度较小。根据表 5-2 中的数据，可以利用串联故障电弧发生前后特征参数的变化，作为串联故障电弧检测的判据。

表 5-2　利用本章方法得到的 GB/T 31143—2014 规定的 8 种负载特征参数

序 号	设备名称	线路状态	k_1	k_2	k_3
1	阻性负载	正常	7.999	2.011×10^4	283.590
		故障	20.949	2.477×10^4	350.206
2	真空吸尘器	正常	9.198	2.356×10^4	332.635
		故障	19.371	2.479×10^4	350.540
3	电子式开关电源	正常	8.617	2.303×10^4	289.575
		故障	19.337	2.480×10^4	350.815
4	电容器起动电动机（变频空调）	正常	9.647	2.334×10^4	284.854
		故障	19.145	2.480×10^4	350.127
5	电子灯光调节器（可控硅型）	正常	8.439	2.067×10^4	281.576
		故障	20.128	2.479×10^4	351.013
6	卤素灯	正常	8.194	2.017×10^4	282.785
		故障	20.386	2.478×10^4	350.913
7	荧光灯	正常	7.831	2.039×10^4	289.575
		故障	20.297	2.471×10^4	350.632
8	电钻	正常	9.118	2.272×10^4	330.415
		故障	19.469	2.480×10^4	350.098

为验证所提方法在功率变化情况下的有效性，继续改变负载功率进行实验研究。表 5-3 为 4 种负载在不同功率情况下的发生电弧故障和正常工作状态下的特征参数表，图 5-3 为增加的普通空调和日光灯负载的正常电流和故障电流波形。

从表 5-3 可以看出：①当各负载的功率输出发生变化时，特征参数 k_1、k_2 和 k_3 的具体数值基本相当（受传感器、负载波动等因素影响，即使相同功率下，特征参数也不可能完全相同）；②除普通空调外，在其他负载条件下，无论是 k_1，还是 k_2 和 k_3，在电弧故障和正常状态下的变化趋势都与表 5-2 基本一致。即与正常情况时相比，k_1 在电弧故障下依然有大幅度的增长，且区分度明显，k_2 和 k_3 也同样呈现了不同程度的增长，但幅度还是较小。

表 5-3 不同功率情况下的特征参数

序号	设备名称（额定电流/A）	线路状态	k_1	k_2	k_3
1	电动机（8.62）	正常	13.346	2.790×10^4	435.932
		故障	27.814	3.492×10^4	485.873
	电动机（12.18）	正常	13.452	2.784×10^4	435.068
		故障	27.953	3.561×10^4	487.160
2	真空吸尘器（8.73）	正常	10.019	2.655×10^4	377.246
		故障	20.302	3.255×10^4	469.408
	真空吸尘器（12.72）	正常	10.173	2.681×10^4	379.046
		故障	20.426	3.327×10^4	470.059
3	普通空调（15.56）	正常	18.104	4.359×10^4	573.467
		故障	25.937	8.225×10^4	1163.08
	普通空调（18.01）	正常	18.212	4.361×10^4	574.106
		故障	26.014	8.230×10^4	1163.73
4	日光灯（19.18）	正常	13.107	2.727×10^4	432.925
		故障	27.340	3.766×10^4	531.908
	日光灯（27.61）	正常	13.346	2.790×10^4	435.932
		故障	27.722	3.834×10^4	541.479

而普通空调在正常情况下 k_1 数值也较大，甚至超过了其他负载在电弧故障情况下的数值，但是与其他负载相比，k_2 和 k_3 变化更为明显。另外，普通空调电弧故障下的 k_1 变化幅度较小，而 k_2 和 k_3 变化较大。为了避免将线路中普通空调的突然接入误认为电弧故障，在检测过程中，当特征参数 k_1 发生变化时，应同时判断 k_2 和 k_3 的变化幅度，作为判断

第5章 基于小波变换和奇异值分解的串联故障电弧检测方法

线路是否发生电弧故障的依据。

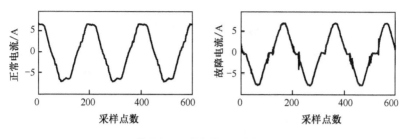

（a）普通空调正常电流和故障电流波形

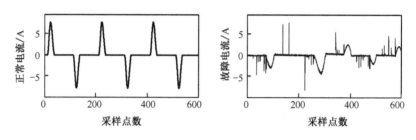

（b）日光灯正常电流和故障电流波形

图 5-3　普通空调和日光灯正常电流和故障电流波形

为了充分验证本章所提方法的有效性，选取了国标 GB/T 31143—2014 规定之外的两种常用家用电器（分别为电磁炉和微波炉）作为负载进行实验研究。图 5-4 为电磁炉和微波炉负载的正常电流和故障电流波形，表 5-4 为这两种负载分别在正常工作状态和串联电弧故障情况下特征参数 k_1、k_2 和 k_3 的计算结果。从表 5-4 可以看出，无论是 k_1，还是 k_2 和 k_3，在电弧故障和正常工作状态下的变化趋势与表 5-2 基本一致。

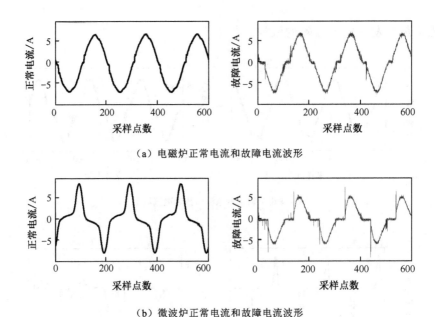

(a)电磁炉正常电流和故障电流波形

(b)微波炉正常电流和故障电流波形

图 5-4　电磁炉和微波炉正常电流和故障电流波形

表 5-4　两种家用电器正常工作状态和串联电弧故障下的特征参数

序　号	设备名称 （额定电流/A）	线路状态	k_1	k_2	k_3
1	电磁炉 （6.68）	正常	10.242	2.977×10^4	420.900
		故障	19.597	3.995×10^4	564.704
2	微波炉 （9.29）	正常	13.795	2.874×10^4	406.259
		故障	28.286	3.450×10^4	487.160

为了避免实验结果的偶然性，本章对上述负载在功率变化的情况下各进行了大量实验，最终特征参数 k_1、k_2 和 k_3 的变化趋势与表 5-2、表 5-3 和表 5-4 基本相当。图 5-5 为阻性负载（额定电流在 5~10A 变化）和 3 种抑制性负载（额定电流在 5~15A 变化）各经过上百次实验后，得到的正常情况和串联电弧故障下的特征参数 k_1 的曲线。由于受传感器、负载波动等多种因素影响，无论正常状态还是电弧故障情况，k_1 均在一

定范围内出现波动,但从图 5-5 中 4 种负载的 k_1 曲线可以看出,在正常情况和串联电弧故障下的特征参数 k_1 没有交叉,区分度明显,进一步验证了所提方法的有效性。

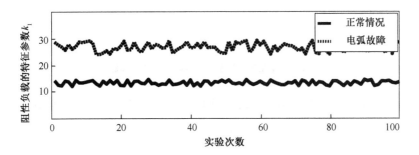

(a) 阻性负载正常情况和串联电弧故障下的特征参数 k_1

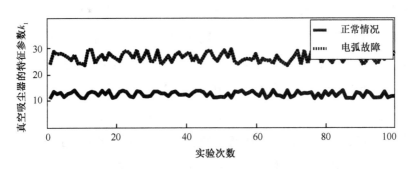

(b) 真空吸尘器正常情况和串联电弧故障下的 k_1

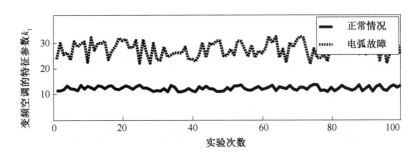

(c) 变频空调正常情况和串联电弧故障下的 k_1

图 5-5　阻性负载和 3 种抑制性负载正常情况和电弧故障下的特征参数 k_1

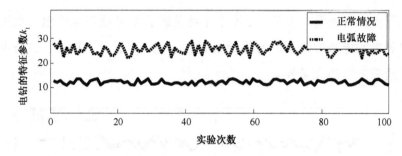

(d）手电钻正常情况和串联电弧故障下的 k_1

图 5-5 阻性负载和 3 种抑制性负载正常情况和电弧故障下的特征参数 k_1（续）

实际上，由于串联电弧故障发生时往往伴随着电极的局部挥发，会导致弧隙也是不断变化的，电弧等效电阻呈动态且随机变化，线路电流会表现为随机性的特点，不可能出现两个完全一致的串联故障电弧电流波形。但是"零休"、有效值降低、电流突变等特征依然能够得到保持。从实验波形可以看出，发生串联电弧故障时同一类负载下其电流波形同样具有较高的相似性。因此，利用小波变换对电流信号进行处理后，尽管由于随机性的特点小波系数可能会出现一定范围的变化，但小波系数的大小也包含了"零休"、有效值降低和电流突变等特征对小波系数的影响。为了降低随机性对小波系数的影响，在此基础上构造小波系数的特征矩阵，对其进行 SVD，得出一系列奇异值，并定义特征参数 k_1、k_2 和 k_3 的表达式。

大量的实验结果表明，各个负载下的特征参数在串联电弧故障发生前后的相对关系受线路中负载功率变化的影响较小。但是从表 5-3 可以看出，某些负载（如普通空调）在正常运行时的特征参数可能与其他负载电弧故障时的数值接近，为了避免此种情况下出现误判，可通过综合利用 k_1、k_2 和 k_3 在电弧故障发生前后的变化情况，以提高串联故障电弧检测的准确率。使用这些特征参数时，可将前半个周期的特征参数与后半个周期的特征参数进行对比作为判据，因为发生电弧故障时，特征参

数的变化幅度要大于正常状态下的变化幅度。故障电弧的判断依据为

$$\begin{cases} k_{1(i+1)}/k_{1i} > D_1 \\ 0 < k_{2(i+1)}/k_{2i} < D_2 \\ 0 < k_{3(i+1)}/k_{3i} < D_3 \end{cases} \text{或} \begin{cases} 0 < k_{1(i+1)}/k_{1i} < D_4 \\ k_{2(i+1)}/k_{2i} > D_5 \\ k_{3(i+1)}/k_{3i} > D_6 \end{cases} \quad (5\text{-}13)$$

式中，k_{1i}、k_{2i}、k_{3i} 分别表示第 i 个半工频周期下的特征参数 k_1、k_2 和 k_3，$k_{1(i+1)}$、$k_{2(i+1)}$、$k_{3(i+1)}$ 分别表示第 $i+1$ 个半工频周期下的特征参数 k_1、k_2 和 k_3，而 D_1、D_2、D_3、D_4、D_5、D_6 分别表示串联电弧故障发生前后各个特征参数比值的阈值。

对表 5-2~表 5-4 中的所有 12 种负载在正常运行和串联电弧故障时各随机采集不同功率下的 10 组电流信号，共包含 240 个样本。利用本章所提出的采用小波变换与 SVD 相结合的方法进行测试，得到的实验结果表明，综合利用 k_1、k_2 和 k_3 进行串联故障电弧检测具有很高的准确率。

综上分析，利用本章所提方法处理线路中的电流信号，将特征参数 k_1、k_2 和 k_3 作为串联故障电弧检测的判据，可以很好地判断电弧故障是否发生。

利用小波变换和奇异值分解的方法，在直流故障电弧检测中也有文献进行了相关研究。文献[91]提出了小波-奇异值分解新型信号消噪方法，该方法首先对采集的电流信号进行小波分解，再对各层小波系数直接奇异值分解，通过正常信号与故障电弧信号对比得到其差异性，再利用 SVD 去噪将差异性放大从而完成故障电弧信号微弱特征信息的提取，实现对光伏系统直流微弱电弧信号的检测。实际上，基于小波变换技术进行故障电弧检测的方法已进行了很多研究，并出现了很多方法。比如文献[42]采用小波熵值对电流信号时频域上能量分布特性进行定量描述，实现串联故障电弧特征的提取；文献[77]选用形态学滤波结合第四尺度

小波变换函数实现负载正常状态与电弧故障状态的识别；文献[53]利用小波变换对电流信号进行处理，将得到的模极大值作为 BP 神经网络的输入特征向量，通过构建特征向量与故障电弧之间的映射关系，来进行故障电弧诊断分类；文献[51]首先对采集的电流信号进行小波分解，并将各层细节信号能量的平均值和标准差输入神经网络中，来进行串联故障电弧的识别与诊断；文献[87-88]对电流信号进行小波变换，将变换后得到的高频系数与低频系数相除获得比值，根据各个阶段比值的不同，判断是否有故障电弧产生；文献[89]利用小波变换对电流信号进行分解重构，提取出分解重构后各频段信号的近似熵值，得到电流信号的特征向量，并将其输入支持向量机。通过支持向量机对特征向量进行分类，完成串联故障电弧的检测识别。文献[90]研究了一种基于小波分析的故障电弧电流检测方法，利用小波阈值去噪法对电流进行降噪滤波，并基于 Sym5 小波对电流进行分析，提取发生电弧故障时线路电流的特征。

5.5 本章小结

单纯利用小波变换对线路正常状态和串联电弧故障状态区分不明显，而且小波变换的结果存在很大的冗余，难以直接分析。针对这一问题，本章介绍了一种基于小波变换和 SVD 的检测串联故障电弧的方法。在理论分析的基础上，给出了检测方法的具体实现步骤。小波变换的结果经 SVD 后维数大大减小，且特征参数在正常情况和串联电弧故障下区分明显，该方法具有较高的串联故障电弧检测准确率，并且大大压缩了小波变换结果的冗余性。本章还对其他基于小波变换技术的故障电弧检测方法进行了一定的总结，利于读者更全面了解该领域的研究进展。

第6章 基于线路电流和供电电压的直流串联故障电弧检测方法

本书前5章分别介绍了电弧的特性、模型及针对交流故障电弧的检测方法。同样地,直流故障电弧检测已成为当前的研究热点之一,目前所提出的检测方法大都缺少故障电弧的电气特性对线路电流和电源电压影响的分析。为此,本章将基于直流故障电弧的伏安特性,深入分析发生直流电弧故障时线路电流、电源电压的变化规律,并介绍一种综合利用线路电流、电源电压等信息的直流故障电弧检测方法。

6.1 直流串联故障电弧检测方法分析

直流供电方式目前已经在电动汽车、数据中心、通信系统等多个领域得到了广泛应用。一些分布式可再生能源发电系统,如光伏发电等场合也会直接产生直流电。实际上,有大量的民用负荷,如 LED 灯泡、电视机、打印机、变频调速空调、洗衣机、冰箱等,实际负荷也都是直流供电。由于直流供电具有线路成本低、输电损耗小、供电可靠性高等优点，近年来国内外已建成多个直流配用电示范工程，中国也已颁布了标准 GB/T 35727—2017《中低压直流配电电压导则》[92]，以推动直流供电的广泛应用。因此，可以预计直流供电的应用场合将越来越多。

相对于交流电弧，人们对直流故障电弧检测技术的研究起步较晚。2011 年，美国保险商实验室颁布了针对光伏系统的直流故障电弧检测标准 UL—1699B，而与之对应的交流故障电弧的检测标准 UL—1699 颁布于 1999 年。与交流故障电弧相比，由于直流供电电源没有过零点，发生电弧时难以熄灭，危害更大。

在交流电路中，不同负载类型下的线路电流波形有所不同，发生电弧故障时的线路电流一般具有以下特点：在线路电流的自然过零点处会出现平肩；线路电流的周期性会被破坏；线路电流的谐波比例会发生变化。因此，可以根据线路电流波形识别负载类型，并根据负载类型选择相应的检测方法。然而，由于直流电路中的线路电流没有自然过零点，上述现象不再存在。因此，一些现有的交流故障电弧检测方法难以直接用于检测直流故障电弧，所以有必要专门对直流故障电弧的性质进行研究，并以此为依据提出相应的检测方法。

近年来，学者们从不同的方面对直流故障电弧的特征进行了研究，提出了一些检测方法。现有的检测方法主要从以下几个方面实现对故障电弧的检测：电弧的物理特性、电弧电阻及其动态变化对线路电流的影响。

电弧故障发生时会伴随有电磁辐射、弧光和噪声等物理特征，构建基于物理特征的检测系统可以用于串联故障电弧的防范。文献[94]分析了直流电弧电磁辐射信号的幅度和频谱，提出了基于电磁辐射信号的故障检测方法；文献[95]在此基础上进一步分析了电极材料、电流大小、压力等因素对电弧产生的电磁辐射的影响。然而这类方法受传感器检测范围的影响，只能检测特定位置发生的电弧故障。

第 6 章 基于线路电流和供电电压的直流串联故障电弧检测方法

由于发生串联电弧故障时,电弧可看作电路网络中动态变化的非线性电阻元件,其电阻受电弧的冷却程度、电源电压的大小、电极的材料、周围气体的成分、弧隙间距等因素的影响,而且每次产生电弧时上述参数不可能完全一致。比如,电弧会产生高温,使电极挥发,那么弧长就会受到影响。电弧的长度有可能随着时间增长,但是如果电弧是由连接松动引起的,此时电弧会使金属导体熔化。所以电弧的等效长度也可能变短。这样电弧的等效电阻因电弧的燃烧呈现无规则的随机变化,从而导致线路电流的动态变化表现出混沌特性[97-98]。在时域上,线路电流的不规则波动会增大;在频域上,特定频带的幅值会增大。利用电弧的这一特点并结合具体的应用场合出现了很多种直流故障电弧检测方法。

文献[97]利用熵可以区分信号的混沌变化和有序变化的特点,提出了一种基于电流修正 Tsallis 熵的故障电弧检测方法;文献[98]从时域上对线路电流变化的混沌性进行分析,同时通过对线路电流进行小波变换,计算小波系数的均方根值,分析了线路电流在频域上的特征,提出了一种串联故障电弧检测方法;文献[99]利用快速傅里叶变换分析了线路电流频谱特性,以故障电弧前后线路电流幅值在特定频率上的变化为依据,判断是否发生串联电弧故障;文献[100]利用产生电弧时电流随机变化的特点并结合光伏电源的伏安特性,分析了串联故障电弧对光伏电源电压的影响,提出了利用光伏电源电压的标准差来检测直流故障电弧的方法;文献[101]进一步利用了电弧电阻变化的快速性,同步检测光伏模块输出功率、线路电流和电源电压,并将它们的变化率作为判断故障电弧的依据。

发生串联电弧故障后,在电弧两端会产生电弧电压。虽然很难提前知道电弧产生的位置,不能通过检测电弧电压实现对故障电弧的检测,但是线路中的电弧电压会影响线路电流和负载电压。文献[102]结合线路的阻抗参数,就电弧电压对负载电压的影响规律进行了分析,提出了一种利用电弧初始燃烧时负载侧电压变化规律的直流故障电弧的检测方法。

本章根据电弧伏安（U-I）特性，对发生电弧故障时，电弧对线路电流有效值的影响、线路电流无规则变化的混沌性对供电电压交流分量的影响进行了分析。在此基础上，介绍了一种利用线路电流有效值的变化规律、线路电流混沌特性及电源电压交流分量变化规律的直流故障电弧检测方法。相对于只利用线路电流变化的无规则性提出的各种直流故障电弧检测方法，本章增加了发生电弧故障时线路电流有效值、电源电压交流分量的变化规律等信息，该方法具有更高的准确性。

6.2 不同电弧间隙下电弧伏安特性对线路电流影响分析

6.2.1 电弧的伏安特性对线路电流有效值的影响

当线路中产生电弧时，可以认为电弧是一个阻值动态变化的电阻，电弧间隙将影响电弧的伏安特性。有关电弧伏安特性的研究，最早的是1902年提出的Ayrton方程，现有的电弧伏安方程包括Steinmetz方程、诺丁汉方程、范和沃灵顿方程及Paukert方程等[107]。由于研究目的不同，不同方程的适用范围区别较大，其中Paukert电弧伏安方程所涵盖的范围较广，且包含了电弧间隙的范围等信息，其电弧电流范围为0.3A～100kA，电极间隙范围为1～200mm，满足大多数情况下线路中发生电弧故障时的情况，如式（6-1）所示。

$$U_{arc} = \frac{a}{I_{arc}^b} \tag{6-1}$$

这里 a 和 b 的取值因电弧间隙长度和电流大小不同而不同，以式（6-1）为基础，文献[98]进行了大量的实验得到了式（6-2）

$$U_{\text{arc}} = \frac{20.19 + 526.2L}{I_{\text{arc}}^{0.1174 + 1.888L}} \quad (6\text{-}2)$$

其中，L 为电弧间隙长度，根据式（6-2），不同 L 的电弧电压随线路电流变化曲线如图 6-1 所示。

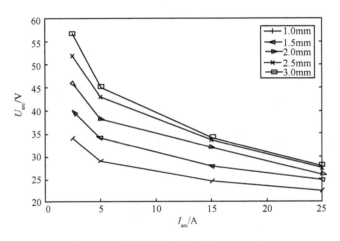

图 6-1 不同电弧间隙下的 U-I 曲线

式（6-2）中 L 取值范围为 1~3mm，当前 I_{arc} 取值范围为 3~25A。利用式（6-2）可以比式（6-1）更容易地计算产生电弧时的线路电流。在检测直流串联故障电弧时，线路电流一般不小于 25A。因此，式（6-2）可用于大多数场合，不同 L 下的 U-I 特性曲线如图 6-2 所示。

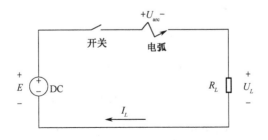

图 6-2 实验等效电路

1. 恒电阻负载

由于电弧电压的存在，发生电弧故障时，线路电流将比正常工作时要小。在图 6-2 所示的电路中，E 是直流源电压，U_arc 是电弧产生时电弧两端的电压，R_L 是负载等效电阻，U_L 是负载两端的电压。

电弧产生前，I_L 为

$$I_L = \frac{E}{R_L} \tag{6-3}$$

电弧产生后，I_{L_arc} 为

$$I_{L\_\text{arc}} = \frac{E - U_\text{arc}}{R_L} \tag{6-4}$$

由式（6-3）和式（6-4）得出，当发生电弧故障后，线路电流变化率 η 为

$$\eta = \frac{I_L - I_{L\_\text{arc}}}{I_L} = \frac{U_\text{arc}}{E} \tag{6-5}$$

将式（6-2）代入式（6-5）

$$\eta = \frac{20.19 + 526.2L}{EI_{L\_\text{arc}}^{0.1174 + 1.888L}} \tag{6-6}$$

在相同的电流下，L 越大 U_arc 越大。因此，结合式（6-6）可知，L 越大 η 越大。将 L 的最小值 1mm 和最大值 3mm 分别代入式（6-6），可得 η 的取值范围

$$\frac{41.23}{EI_{L\_\text{arc}}^{0.2}} \leqslant \eta \leqslant \frac{83.33}{EI_{L\_\text{arc}}^{0.23}} \tag{6-7}$$

根据式（6-7），在几种典型的线路电流和电源电压下，发生电弧故障后，当 L 分别为 1mm 和 3mm 时，η 的计算结果分别如表 6-1 和表 6-2 所示。

例如,当电源电压为300V、线路电流为6A时,如果η在9%～15%之间,结合表6-1和表6-2,可以认为线路中有可能发生电弧故障。

表6-1 不同电源电压和线路电流下的η（L=1mm）

E/V	I_{L_arc}/A			
	3	6	15	25
100	0.32	0.28	0.24	0.22
300	0.11	0.09	0.08	0.07
800	0.03	0.03	0.03	0.02

表6-2 不同电源电压和线路电流下的η（L=3mm）

E/V	I_{L_arc}/A			
	3	6	15	25
100	0.58	0.46	0.34	0.28
300	0.20	0.15	0.11	0.10
800	0.08	0.06	0.05	0.04

由于在实际情况下,线路电流并不一定在3～25A的范围内,电弧间隙也可能超出1～3mm的范围。比如UL—1699B中规定线路电流的范围是2.5～14A,电弧间隙的范围0.8～2.5mm。此外,式（6-2）由实验结果拟合,误差约为10%[98]。为了避免公式误差引起误判,对η的范围进行扩大,将表6-1中的结果乘以0.8,表6-2中的结果乘以1.2,以表6-1和表6-2中的数据为基础,不同电流、电压水平的线路电流变化率范围如表6-3所示。

表6-3 不同电源电压和线路电流下η的范围

E/V	I_{L_arc}/A		
	2～6	6～15	15～25
100～300	0.07～0.70	0.06～0.56	0.05～0.41
300～800	0.02～0.24	0.02～0.18	0.01～0.14

当 η 不在表 6-3 的范围内时,尽管电流可能会出现变化,但可以排除是因为电弧故障导致的线路电流变化。利用式(6-5)计算得到的 η 在表 6-3 的范围内时,就有可能发生电弧故障,可以将其作为检测故障电弧的初始条件。

2. 恒功率负载

当直流电源的负载为电力电子变换器时,此时负载相当于一个恒功率负载。即输入电流随输入电压的降低而增大。在这种情况下,η 的计算如下。

电弧产生前

$$I_L = \frac{P_L}{U_L} = \frac{P_L}{E} \tag{6-8}$$

电弧产生后

$$I_{L\_arc} = \frac{P_L}{U_L} = \frac{P_L}{E - U_{arc}} \tag{6-9}$$

由式(6-8)和式(6-9)得

$$\eta = \left| \frac{I_L - I_{L\_arc}}{I_L} \right| = \frac{U_{arc}}{E - U_{arc}} \tag{6-10}$$

将式(6-2)代入式(6-9)

$$\eta = \frac{20.19 + 21.05L}{EI_{L\_arc}^{0.1174 + 0.075L} - 20.19 - 21.05L} \tag{6-11}$$

由式(6-11)可知,η 随着 L 的增大而增大,将 L 的最小值(1mm)和最大值(3mm)分别代入式(6-11),可以得到 η 的取值范围

$$\frac{41.23}{EI_{L\_arc}^{0.20} - 41.23} \leq \eta \leq \frac{83.33}{EI_{L\_arc}^{0.34} - 83.33} \tag{6-12}$$

根据式（6-12），当 L 分别为 1mm 和 3mm 时，在几种典型的线路电流和电源电压下 η 值分别如表 6-4 和表 6-5 所示。

同样地，根据表 6-4 和表 6-5，可以得到恒定功率负载下几种典型线路电流和电源电压下 η 的范围，如表 6-6 所示。

表 6-4　不同电源电压和线路电流下的 η（L=1mm）

E/V	I_{L_arc}/A			
	3	6	15	25
100	0.48	0.40	0.32	0.28
300	0.12	0.11	0.09	0.08
800	0.04	0.04	0.03	0.03

表 6-5　不同电源电压和线路电流下的 η（L=3mm）

E/V	I_{L_arc}/A			
	3	6	15	25
100	1.34	0.83	0.61	0.42
300	0.23	0.17	0.12	0.10
800	0.07	0.06	0.05	0.04

表 6-6　不同电源电压和线路电流下 η 的范围

E/V	I_{L_arc}/A		
	2～6	6～15	15～25
100～300	0.09～1.60	0.07～0.99	0.06～0.73
300～800	0.03～0.28	0.02～0.20	0.02～0.14

为了能更准确地检测直流故障电弧，只检测电弧故障导致的线路电流变化是远远不够的，还需要对产生电弧后电弧的其他特性对电路的影响进行分析。

6.2.2 电弧的伏安特性对线路电流动态变化的影响

根据前面的分析可知，故障电弧会使线路电流的平均值在一定范围内发生变化。然而，线路电流的变化并不总是由故障电弧引起的。因此，有必要对故障电弧的其他特性进行分析。当电弧燃烧时，电弧的温度、电极材料和周围气体的成分将不断变化。此外，电极会局部挥发，导致间隙长度的动态变化。因此，电弧电阻会在一定程度上随机波动，造成线路电流具有一定的随机性。

在文献[108]中，作者建立了一个电弧模型，在这个模型中，电弧电阻被加上一个随时间变化的随机数。因此，当发生电弧故障时，如果直流电压恒定，则线路电流可视为一个随机序列，电弧状态下线路电流的随机波动比正常状态有一定程度的增加。

对线路电流波形连续采样，并滤除其直流分量，通过对线路电流交流分量数据的拟合，可以得到线路电流交流分量的概率密度分布曲线。根据文献[109]，正常和电弧状态下的概率密度分布非常接近正态分布，如图 6-3 所示。

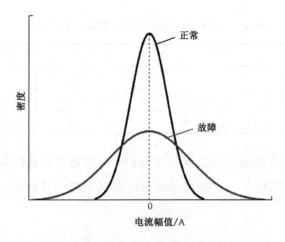

图 6-3 线路电流数值分布

从图 6-3 可以看出，电流的概率密度在电流幅值 0 附近最大。然而，正常状态下的电流幅值的变化范围小于电弧状态。因此，正常状态下电流幅值在 0 左右时的概率密度远大于电弧状态下 0 附近的概率密度。

从分布曲线可以看出，发生电弧故障时，线路电流在平均值附近的不规则波动将增大，因此其标准差将大于正常状态。标准差如式（6-13）所示，其中 x 是具有 N 个点的序列。

$$X_{\text{var}} = \frac{1}{N-1} \sum_{i=1}^{N} (x_i - x_{\text{mean}})^2 \qquad (6\text{-}13)$$

6.3 电弧的伏安特性对电源电压交流分量的影响

在电弧状态下，线路电流会有一定程度的混沌性。由于实际的直流电源，无论是光伏电源还是 DC-DC 变换器，都不是理想电源，因此线路电流的变化会影响供电电压的变化。本节将分析线路电流波动对电源电压交流分量的影响。

6.3.1 DC-DC 变换器

DC-DC 变换器输出端电路简化模型如图 6-4 所示，其中 R_S 为电源内阻，R_L 为负载等效电阻，r 为电弧电阻，u_S 为理想电压源电压，U_S 为理想电压源电压的直流分量，u_s 为理想电压源电压的交流分量，u_{OC} 为输出电压，U_{OC} 为输出电压的直流分量，u_{oc} 为输出电压的交流分量，i_L 为线路电流，I_L 为正常时线路电流的直流分量，i_l 为正常时线路电流的交流分量，i_{L_arc} 为产生电弧时的线路电流，I_{L_arc} 为产生电弧时的线路电流的直流分量，i_{l_arc} 为产生电弧时的线路电流的交流分量。

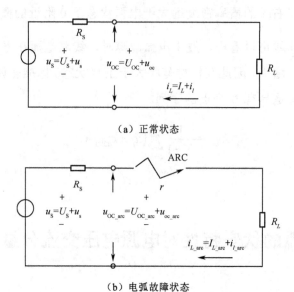

(a) 正常状态

(b) 电弧故障状态

图 6-4 DC-DC 变换器输出端电路简化模型

正常状态下

$$i_l = \frac{u_s}{R_S + R_L} \tag{6-14}$$

$$u_{oc} = u_s \left(1 - \frac{R_S}{R_S + R_L}\right) \tag{6-15}$$

发生电弧故障后

$$i_{l\_arc} = \frac{u_s}{R_S + R_L + r} \tag{6-16}$$

$$u_{oc\_arc} = u_s \left(1 - \frac{R_S}{R_S + R_L + r}\right) \tag{6-17}$$

发生串联电弧故障时，由于 DC-DC 变换器受到反馈网络的控制，输出电压直流分量的大小会维持恒定。通过比较式（6-15）和式（6-17）可知，由于线路中串入电弧电阻 r，u_{oc_arc} 的幅值会大于 u_{oc} 的幅值，同时由于 r 的动态变化，u_{oc_arc} 在幅值增大的基础上会伴随一定程度的混沌性。

在实际电路中，如果导线长度较长，则线路阻抗不可忽略。含有线路阻抗的直流电源等效简化电路如图 6-5 所示，其中 R_0 为线路电阻，L_0 为线路电感。L_0 会影响电源的输出电压。当电弧故障发生时，线路电流的随机性动态变化增强，线路电流的高频分量增大，di/dt 增大。因此，L_0 上的电压将比正常状态下的电压大得多，u_{oc_arc} 的幅值将进一步增大。因此，无论是否考虑线路阻抗，当发生电弧故障时，u_{oc_arc} 的幅值都会增大。

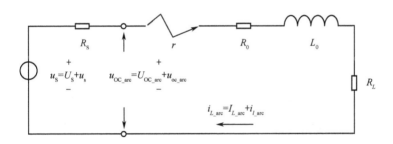

图 6-5　含有线路阻抗的直流电源等效简化电路

6.3.2　光伏电源

光伏电源的等效模型一般如图 6-6 所示。假设在短时间内光伏电源输出的功率和内阻基本不变，其等效模型可以简化为图 6-4 所示的情况。

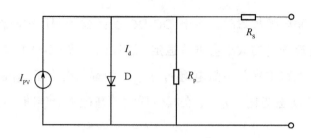

图 6-6 光伏电源等效模型

正常工作时，电路模型如图 6-4（a）所示。线路电流的交流分量 i_l 为

$$i_l = \frac{u_s}{R_S + R_L} \quad (6\text{-}18)$$

R_L 为光伏逆变器的等效电阻，由于光伏逆变器受 MPPT 控制运行在最大功率点，稳态时，R_L 等于 R_S，则 i_l 和 u_{oc} 可以进一步表示为

$$i_l = \frac{u_s}{2R_S} \quad (6\text{-}19)$$

$$u_{oc} = \frac{u_s}{2} \quad (6\text{-}20)$$

如果光伏逆变器的 MPPT 控制足够快，则发生电弧故障时光伏逆变器的等效负载电阻 R_L 等于 $R_S + r$。但是，考虑到光伏逆变器的 MPPT 跟踪速度远远小于 r 的变化速度，R_L 将一直处于不断调整的状态。因此 i_{l_arc} 为

$$i_{l\_arc} = \frac{u_s}{R_S + R_L + r} \quad (6\text{-}21)$$

u_{oc_arc} 为

$$u_{oc\_arc} = u_s \left(1 - \frac{R_S}{R_S + r + R_L}\right) \quad (6\text{-}22)$$

对比式（6-20）和式（6-22）可知，由于存在可变的 r，u_{oc_arc} 的幅

值会增大,并不断波动。由于 R_L 将一直处于不断调整的状态,不是一个稳定的数值,因此 u_{oc_arc} 的混沌性将会增加。

对于光伏并网逆变器等电力电子装置,其输入端通常并联有滤波电容,其等效电路图如图 6-7 所示。当线路中存在因故障电弧导致的动态变化的电流时,除了线路电感以外,还需要考虑并联在等效负载电阻两端的电容 C_{in} 对电源输出侧交流分量 u_{oc_arc} 的影响。由于 C_{in} 的交流阻抗远远小于与其并联的电阻,产生电弧时线路无规则动态电流大部分将经过电容 C_{in},相当于给电容充电,因此电容上的电压变化率要远大于稳定的直流电流流过时的电压变化率。在同等情况下,电容容量越小,电容两端电压变化范围越大。因此,负载端的滤波电容同样会引起动态电压的增大,最终导致电源电压输出侧的交流分量 u_{oc_arc} 增大。

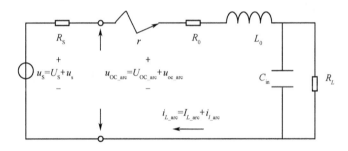

图 6-7　含有线路阻抗参数和负载电容的直流电源等效简化模型

因此,无论是只考虑线路电感,还是同时考虑线路电感和负载侧的滤波电容,产生电弧时,电源输出侧电压交流分量都会增大。实际上,线路电感的数值受到线路长度、粗细的影响,而负载电容的大小取决于负载种类及功率等因素。尽管我们很难事先得到电感或电容的数值,但是这些因素都会引起电源电压输出侧的交流分量 u_{oc_arc} 增大。因此,u_{oc_arc} 的数值变化可以作为判断故障电弧发生的特征之一。

综上所述,无论是 DC-DC 变换器还是光伏电源,电弧电阻都将导致电源输出电压交流分量的幅值增大,并增加一定的混沌性。电源输出电压的交流分量和线路电流的变化主要是由电弧电阻的动态变化导致的，且变化趋势基本相同，所以电源输出电压的交流分量也可以使用标准差计算。

6.4 直流故障电弧检测方法

本节利用发生电弧故障时线路电流的突变点、线路的电流平均值变化及线路电流和电源电压的混沌性，提出一种通过检测线路电流、电源电压及电源电压的交流分量信号的直流串联故障电弧检测方法，图 6-8 为检测方法的流程图。

具体实现方法如下：

步骤 1：供电电压、线路电流信号采集与计算。定时采集并存储线路电流 i_L、电源输出电压 u_S。

步骤 2：线路电流突变率 γ 的计算。计算连续 N 个电流采样点的平均值 I_{mean1}。假设采样间隔为 T_S，则等于计算时间窗长度为 $N \times T_S$ 的电流平均值。然后计算 γ_j，如式（6-23）所示。

$$\gamma_j = I_{mean1,j} - I_{mean1,j+2} \qquad (6-23)$$

式中：$I_{mean1,j}$——第 j 个时间窗口中线路电流的平均值；

$I_{mean1,j+2}$——第 $j+2$ 个时间窗口中线路电流的平均值。

取平均值计算突变率是为了降低噪声干扰，计算第 j 个时间窗口和第 $j+2$ 个时间窗口电流平均值之间的变化率可以避免窗口跨越突变点导致的误差。如果计算得到的 γ_j 为负，同时满足式（6-24），则可认为线路电流发生突变，并且可能是由电弧故障导致的。

第 6 章　基于线路电流和供电电压的直流串联故障电弧检测方法

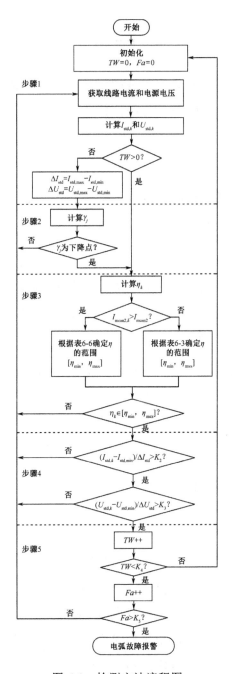

图 6-8　检测方法流程图

注：TW 为时间窗口的数量，Fa 为存在电弧的时间窗口函数。

$$\left|\frac{\gamma_{j+1}}{\gamma_j}\right| \geqslant K_1 \quad (6\text{-}24)$$

步骤 3：计算线路电流平均值的变化率 η_k。计算时间窗长度 $M \times T_S$（$M \gg N$）的电流平均 I_{mean2}，η_k 的计算公式如下。

$$\eta_k = \left|\frac{I_{\text{mean2}} - I_{\text{mean2},k}}{I_{\text{mean2}}}\right| \quad (6\text{-}25)$$

式中：$I_{\text{mean2},k}$ ——第 k 个时间窗口的线电流平均值；

I_{mean2} ——线电流突变点之前的线电流平均值。

步骤 4：标准差计算。$I_{\text{std},k}$、$U_{\text{std},k}$ 为第 k 个时间窗口中线路电流和电源电压交流分量的标准差，ΔI_{std} 和 ΔU_{std} 是线路电流和电源电压交流分量的标准差在正常状态下的范围，K_2 和 K_3 是测量线路电流和电源电压交流分量混沌程度的阈值。

步骤 5：电弧故障判断。当在 $K_4 \times M \times T_S$ 时间内有 K_5 个时间窗口发生电弧故障时，则认为线路中发生了电弧故障。

6.5 实验与分析

根据前面的分析，使用上一节介绍的检测方法，进行实验验证。根据 UL—1699B，搭建故障电弧发生器，分别使用 DC-DC 变换器和光伏电源作为直流电源，将故障电弧发生器串联在电路中。故障电弧发生器由一个固定电极和一个移动电极构成，电极的材料是铜。测量仪器采用 HIOKI6000 录波仪，对线路电流和电源电压进行记录，其中采样频率选择 200kHz。

6.5.1 DC–DC 变换器实验

采用 DC-DC 变换器作为直流电源，负载为恒电阻负载，实验平台如图 6-9 所示。由于 GB/T 35727—2017 规定的低压直流配电电压为 176～231 V（优选值为 220 V），L.1200 推荐的未来电信业直流供电电压范围为 260～400 V。所以电源电压和线路电流分别设置为 200V/4A、200V/8A 和 330V/12A。实验所用导线总长为 40m，根据标准 UL—1699B，线路电感参数为 $0.7\mu H/m$，线路总电感是 $28\mu H$。实验波形如图 6-10～图 6-12 所示。

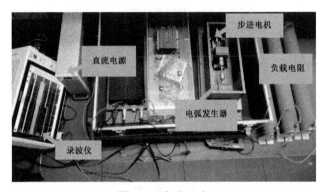

图 6-9 实验平台

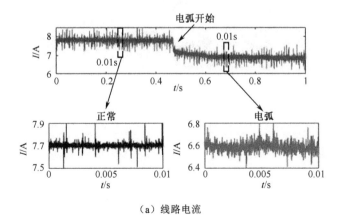

（a）线路电流

图 6-10 200V/4A 下的实验波形

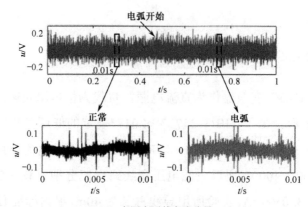

（b）电源电压的交流分量

图 6-10　200V/4A 下的实验波形（续）

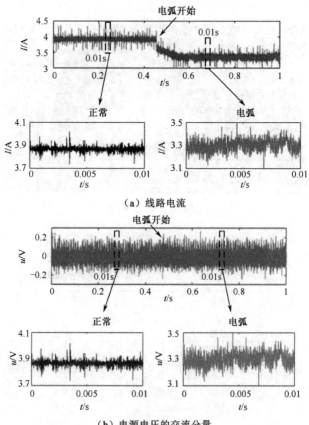

（b）电源电压的交流分量

图 6-11　200V/8A 下的实验波形

第6章 基于线路电流和供电电压的直流串联故障电弧检测方法

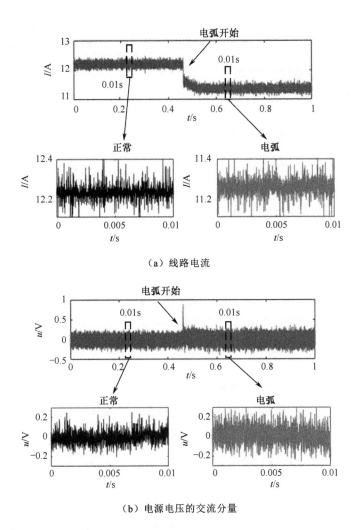

(a) 线路电流

(b) 电源电压的交流分量

图 6-12 330V/12A 下的实验波形

1. 线路电流突变率

以 10 个采样点为一个时间窗口，使用式（6-23）计算图 6-10（a）、图 6-11（a）和图 6-12（a）中电弧发生点的 γ。计算结果分别为 0.231A、0.322A 和 0.473A。在线路电流正常工作阶段 γ 的变化范围分别为 0～0.071A、0～0.060A 和 0～0.061A。可以看出，在电弧故障发生点处的

γ 远大于正常阶段。为了进一步证明，在同样的实验条件下进行 10 次实验，计算每次电弧开始时的 γ，并与正常工作时 γ 的变化范围进行对比，结果如表 6-7 所示。

表 6-7 正常工作和产生电弧瞬间时的 γ 对比

电压/电流	200V/4A	200V/8A	330V/12A
正常状态	0~0.094	0~0.096	0~0.072
电弧产生点	0.218~0.246	0.435~0.489	0.458~0.505

从表 6-7 可以看出，没有发生电弧故障时，γ 较小。在所有数据的计算结果中，产生电弧瞬间的 γ 均大于正常情况下最大 γ 的 2 倍以上，所以可以利用 γ 的大小作为判断故障电弧的依据。

2. 线路电流下降率 η

检测到线路电流出现突变点时，以 10 000 个采样点（0.05s）为一个时间窗口长度，使用式（6-25）计算线路电流突变点后的 η。图 6-10（a）中，η 的范围是 0.13~0.16，图 6-11（a）中 η 的范围是 0.14~0.16；图 6-12（a）中 η 的范围是 0.07~0.09。通过与表 6-3 对比可知，计算得到的实际 η 均在理论范围之内。

在相同的实验条件下进行 10 次实验，计算发生电弧故障后 η 的变化范围，并和表 6-3 中 η 的理论值变化范围进行对比，如表 6-8 所示。实验结果表明，表 6-3 计算得到的结果是合理的。η 是否在表 6-3 的范围内，可以作为判断故障电弧是否发生的一个特征。

表 6-8 η 理论值与实际值

电压/电流	200V/4A	200V/8A	330V/12A
理论 η	0.07~0.70	0.06~0.56	0.02~0.18
实际 η	0.13~0.17	0.12~0.16	0.06~0.09

3. 线路电流和电源电压交流分量的标准差

选择 0.05s 作为时间窗口长度，利用式（6-13）计算图 6-10～图 6-12 数据的标准差。正常状态下和电弧状态下线路电流的标准差如表 6-9 所示，电源电压交流分量的标准差如表 6-10 所示。

表 6-9　发生电弧故障前后的线路电流标准差对比

参　数	标　准　差		
	200V/4A	200V/8A	330V/12A
$I_{std,k}$（正常）	0.021～0.023	0.025～0.031	0.033～0.035
ΔI_{std}（正常）	0.002	0.006	0.002
$I_{std,k}$（电弧）	0.038～0.043	0.045～0.059	0.040～0.046
$I_{std,k}-I_{std,min}$（电弧）	0.017～0.022	0.020～0.034	0.007～0.013

注：$I_{std,min}=\min\{I_{std,k}\}$；$I_{std,max}=\max\{I_{std,k}\}$；$\Delta I_{std}=I_{std,max}-I_{std,min}$。

表 6-10　发生电弧故障前后的电源电压交流分量的标准差对比

参　数	标　准　差		
	200V/4A	200V/8A	330V/12A
$U_{std,k}$（正常）	0.025～0.26	0.026～0.027	0.061～0.063
ΔU_{std}（正常）	0.001	0.001	0.002
$U_{std,k}$（电弧）	0.034～0.038	0.031～0.034	0.084～0.095
$U_{std,k}-U_{std,min}$（电弧）	0.009～0.013	0.005～0.008	0.023～0.034

注：$U_{std,min}=\min\{U_{std,k}\}$；$U_{std,max}=\max\{U_{std,k}\}$；$\Delta U_{std}=U_{std,max}-U_{std,min}$。

尽管电弧状态下 $I_{std,k}$ 和 $U_{std,k}$ 的值都比正常状态下的大，但是它们之间的差值不大，难以确定阈值。不过 ΔI_{std} 与 $I_{std,k}-I_{std,min}$ 之间的差值及 ΔU_{std} 与 $U_{std,k}-U_{std,min}$ 之间的差值都比较明显，因此 K_2 和 K_3 的阈值较为容易确定。

为了证明该方法可以更容易地确定阈值，分别在图 6-10～图 6-12 的实验条件下进行了 10 次实验。选择在正常状态下和电弧状态下各 5 个时间窗口的数据来计算（$I_{std,k}-I_{std,min}$）/ΔI_{std} 和（$U_{std,k}-U_{std,min}$）/ΔU_{std}，它们的计算结果分别如图 6-13 和图 6-14 所示。结果表明，三种情况下的实验结果均大于 2，阈值易于设置。

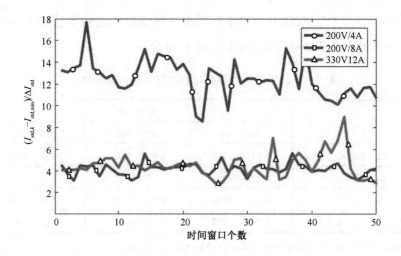

图 6-13 所有实验结果的 ($I_{std,k}-I_{std,min}$)/ΔI_{std} 值

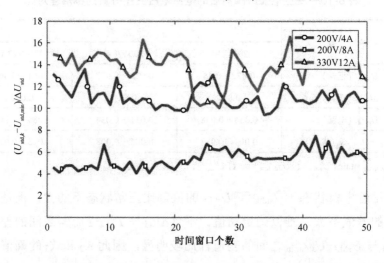

图 6-14 所有实验结果的 ($U_{std,k}-U_{std,min}$)/Δ std 值

6.5.2 恒功率负载实验

如果直流负载是电力电子器件,则其将表现为恒功率特性。当输入电压在一定范围内变化时,输出功率不发生变化,输入电流会朝着输入电压变化的反方向变化。恒功率负载实验等效电路图如图 6-15 所示,实验波形如图 6-16 所示。

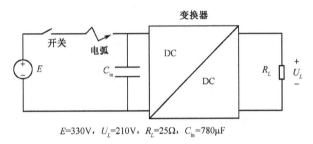

$E=330\text{V}$,$U_L=210\text{V}$,$R_L=25\Omega$,$C_{in}=780\mu\text{F}$

图 6-15 恒功率负载实验等效电路图

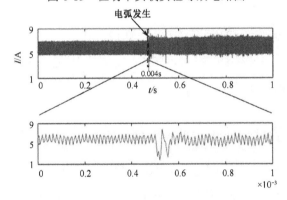

(a)线路电流

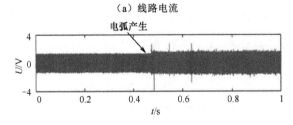

(b)电源电压的交流分量

图 6-16 恒功率负载实验波形图

1. 线路电流突变率 γ

从图 6-16（a）可以看出，当负载为恒功率负载时，电弧开始后的线电流会增加，但是在电弧产生的时刻，线路电流仍然会有突降。

在电弧产生的瞬间，γ 的值是 1.827。正常状态下，γ 的范围是 0.012～0.562。产生电弧瞬间的 γ 均大于正常情况下最大 γ 的 2 倍以上，所以可以利用 γ 的大小作为判断电弧故障发生的依据。

发生电弧故障时，由于 DC-DC 变换器的输入电压会降低，且输出功率不变，因此输入电流会增加。但是，在故障电弧出现的瞬间，相当于电路中突然串入一个电阻，而 DC-DC 变换器的控制器尚未来得及调节，因此发生电弧故障时，γ 也会突然增大。

2. 线路电流平均值变化率 η

图 6-16（a）中 η 的范围是 0.04～0.12，在此条件下（线路电流 6～15A，供电电压 300～800V），表 6-6 中 η 的范围是 0.02～0.20，所以，η 值在表 6-6 的范围内。

3. 线电流和电源电压交流分量的标准差

由于每个时间窗被设置为 0.05s，采样频率为 200kHz，因此每个时间窗中的采样数为 10k。使用式（6-13）计算图 6-13 和图 6-14 中的每个时间窗中数据的标准差，图 6-13 中线路电流的标准差如表 6-11 所示，图 6-14 中线路电流的标准差如表 6-12 所示。

表 6-11 线路电流的标准差

参　数	标　准　差
I_{std}（正常）	0.694～0.696
ΔI_{std}（正常）	0.002

续表

参　数	标　准　差
$I_{std,k}$（电弧）	0.801～0.826
$I_{std,k}-I_{std,min}$（电弧）	0.107～0.130

注：$I_{std,min}=\min\{I_{std,k}\}$；$I_{std,max}=\max\{I_{std,k}\}$；$\Delta I_{std}=I_{std,max}-I_{std,min}$。

表 6-12　电源电压交流分量的标准差

参　数	标　准　差
U_{std}（正常）	0.729～0.733
ΔU_{std}（正常）	0.004
$U_{std,k}$（电弧）	0.838～0.855
$U_{std,k}-U_{std,min}$（电弧）	0.109～0.122

注：$U_{std,min}=\min\{U_{std,k}\}$；$U_{std,max}=\max\{U_{std,k}\}$；$\Delta U_{std}=U_{std,max}-U_{std,min}$。

从表 6-11 和表 6-12 中可以看出，在恒功率负载下，$I_{std,k}-I_{std,min}$（$U_{std,k}-U_{std,min}$）比 ΔI_{std}（ΔU_{std}）大。当电弧故障发生时，由于混沌程度明显增大，容易设置阈值和判断故障电弧。

在恒功率负载下发生电弧故障时，γ 同样会明显大于正常阶段，而且线路电流和供电电压的混沌性也都会增加。上述两点与恒电阻负载时一样。所不同的是，电弧稳定后，线路电流的平均值会高于正常阶段，而不像恒电阻负载时，线路电流的平均值会下降。

6.5.3　光伏电源实验

光伏系统中的直流故障电弧实验在屋顶的光伏并网设备中进行，实验平台如图 6-17 所示。实验中使用的太阳能电池板由 18（2×9）块额定功率 275W、额定电压 31V、额定电流 8.9A 的单块板组成。并网逆变器的型号为 Growatt 10000 TL3-S，直流输入电压范围是 160～1000V，满载 MPPT 直流电压范围是 450～850V，交流额定输出功率为 10kW。

实验时间是 2019 年 4 月 28 日，实验在北京地区一个小型光伏并网发电系统内进行，当日天气为多云，气温 9～20℃。实验过程中，电源电压在 550V 左右，线路电流在 2.6A 左右。实验的线路电流和电源电压交流分量如图 6-18 所示。

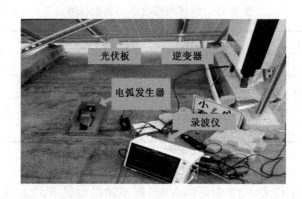

图 6-17　光伏并网实验平台

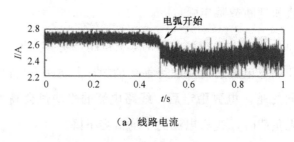

（a）线路电流

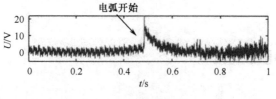

（b）电源电压交流分量

图 6-18　光伏电源并网实验波形图

1. 线路电流突变率 γ

以 10 个采样点为一个时间窗口,使用式(6-23)计算 γ。图 6-18(a)中,在电弧开始时,γ 的值是 0.106。在正常状态下,相应 γ 的范围是 0～0.020。在同样的实验条件下进行 10 次实验,计算每次产生电弧开始时的 γ,并与正常工作时 γ 的变化范围进行对比,结果如表 6-13 所示。

表 6-13 γ 的实验结果

电路状态	线路电流突变率 γ
正常状态	0～0.031
产生电弧时	0.079～0.254

从表 6-13 可以看出,产生电弧瞬间的 γ 均大于正常情况下最大 γ 的 2 倍以上。所以,可以利用 γ 的大小作为判断电弧故障发生的依据。

2. 线路电流下降率 η

以 10 000 个采样点(0.05s)为一个时间窗口长度,计算图 6-13 中电弧稳定燃烧阶段前 5 个时间窗口的 η,η 的范围是 0.06～0.08,由表 6-3 可知,线路电流在 2～6A,电源电压在 300～800V 时,发生串联电弧故障时 η 的理论范围为 0.02～0.24。

在同样的实验条件下分别进行 10 次实验,计算发生电弧故障前 5 个时间窗口 η 的变化范围,并和表 6-3 中理论 η 的变化范围进行对比,结果如表 6-14 所示。

表 6-14 理论和实际 η 的对比

取值状态	η
理论	0.02～0.24
实际	0.03～0.08

对表 6-14 中理论和实际 η 的变化范围对比可知，实际 η 的变化范围较小，且均在表 6-3 的范围内。

3. 线电流和电源电压的交流分量标准差

选择 0.05s 作为时间窗口长度，计算图 6-18 中数据的标准差。线路电流在正常和电弧状态下的标准差如表 6-15 所示，在正常和电弧状态下电源电压交流分量的标准差如表 6-16 所示。

表 6-15 线路电流的标准差

参　　数	标　准　差
I_{std}（正常）	0.016～0.020
ΔI_{std}（正常）	0.004
$I_{std,k}$（电弧）	0.035～0.052
$I_{std,k}-I_{std,max}$（电弧）	0.019～0.036

注：$I_{std,min}=\min\{I_{std,k}\}$；$I_{std,max}=\max\{I_{std,k}\}$；$\Delta I_{std}=I_{std,max}-I_{std,min}$。

表 6-16 电源电压交流分量的标准差

参　　数	标　准　差
U_{std}（正常）	1.27～1.39
ΔU_{std}（正常）	0.12
$U_{std,k}$（电弧）	1.78～2.24
$U_{std,k}-U_{std,max}$（电弧）	0.51～0.97

注：$U_{std,min}=\min\{U_{std,k}\}$；$U_{std,max}=\max\{U_{std,k}\}$；$\Delta U_{std}=U_{std,max}-U_{std,min}$。

在光伏电源系统中反复进行 10 次实验，$(I_{std,k}-I_{std,min})/\Delta I_{std}$ 的值如图 6-19 所示，$(U_{std,k}-U_{std,min})/\Delta U_{std}$ 的值如图 6-20 所示。

从图 6-19 和图 6-20 可以看出，三种情况下的实验结果都大于 2，阈值也比较容易确定。

第6章 基于线路电流和供电电压的直流串联故障电弧检测方法

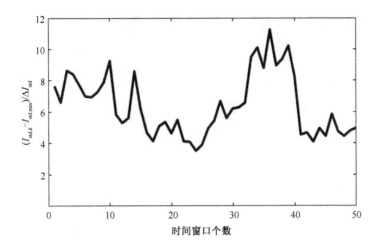

图 6-19 所有实验结果的 $(I_{std,k}-I_{std,min})/\Delta I_{std}$ 值

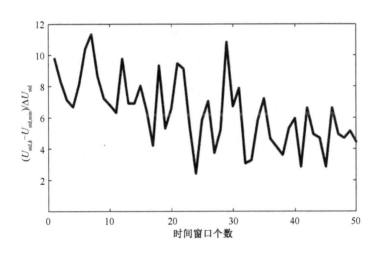

图 6-20 所有实验结果的 $(U_{std,k}-U_{std,min})/\Delta U_{std}$ 值

综上所述,该方法能有效地检测直流串联故障电弧。在这种方法中,寻找线路电流突变点是关键的一步。如果阈值 K_1 设置得太大,可能会错过线路电流突变点,导致故障电弧检测程序失败,最好设置一个相对较小的阈值。如果电弧检测程序在正常状态下启动,因为它不能满足剩下的标准,所以不会导致误判。在实际应用中,区分"好弧"和"坏弧"

129

对于避免意外跳闸非常重要。在本章介绍的检测方法中，如果 Fa 大于 K_5，则表明 $K_4×0.05s$ 内出现电弧的时间窗大于 K_5，则认为发生了电弧故障（"坏弧"）。由于"好弧"的持续时间通常比"坏弧"短，通过设置合理的 K_5 值，可以减少或避免将"好弧"误判为"坏弧"的可能性。

6.6　本章小结

本章以直流电弧的伏安特性为基础，对发生电弧故障后，线路电流和电源电压交流分量的变化规律进行了分析，介绍了一种直流串联故障电弧检测方法。该方法通过检测线路电流突降、线路电流下降率、线路电流标准差和电源电压交流分量的标准差实现对直流串联故障电弧的检测。该方法与对线路电流进行频谱分析的方法相比，避免了对线路电流进行傅里叶变换或小波变换，减少了计算量。同时，与使用机器学习的方法相比，不需要大量的数据进行学习，更加简单，更易于使用低成本单片机实现。

第7章 典型交直流故障电弧的检测方法分析

本书前6章分析了电弧的电气特性及电弧产生时对线路电流的影响，在此基础上介绍了几种交直流故障电弧的检测方法。近些年，不断有学者利用一些人工智能技术结合故障电弧特性提出了新的检测方法，比如将小波变换和神经网络、支持向量机等技术结合进行故障电弧的识别，大大促进了故障电弧检测方法的发展，同时也扩展了一些机器学习、人工智能算法的应用。本章将介绍一些有代表性的基于机器学习的交直流故障电弧检测方法。由于本书主要研究对象是故障电弧，因此本书对所述故障电弧检测方法中涉及的机器学习算法基础知识不再进行详细介绍，读者可查阅相关资料进行了解。

7.1 小波变换能量与神经网络结合的串联型故障电弧检测方法

文献[51]提出了一种基于小波能量与BP（Back Propagation）神经网络结合的故障电弧检测方法，首先分别对若干种典型民用负载在线路正常时的工作电流及发生串联电弧故障时的电流信号进行小波分解，然后将分解得到的各层细节信号能量的平均值和标准差输入 BP 神经网络训练后构成小波神经网络，实现对不同负载测试样本的辨识。通过粒子群优化算法可以得到神经网络训练初始值，进一步利用自适应学习方法可提高训练速度。该方法实现了对典型负载测试样本的故障电弧辨识，串联故障电弧辨识的准确率可达 95%以上。

通过数据采集系统得到的 6 种典型家用电器负载的线路电流信号参数如表 7-1 所示，包括正常运行与回路中存在故障电弧的情况。

表 7-1　6 种典型家用电器的线路电流信号参数

序　号	负　载	功率/W	类　型
1	电水壶	1000	阻性
2	电吹风高挡	1000	近似阻性
3	电吹风低挡	600	开关电源
4	电风扇（电容启动）	50	容性
5	电钻	500	感性
6	调光灯	1000	开关电源

由于发生电弧故障时，线路电流高频分量增加且出现突变现象，而小波变换适合于分析突变信号和非平稳信号。在进行小波变换时，可通过调节时间窗口的大小和位置满足分析信号局部特征的要求，并作为提取故障电弧特征的预处理手段。该方法利用 Symmlets2（简称 Sym2）小波基函数对获得的电流采样信号进行 5 层小波分解。由于小波变换后系数的二次方和与时域波形的总能量相同，因此这种方法将从能量的角度分析故障电弧发生时电流信号的特征。电弧燃烧还受外界环境、电极材料等影响，相邻故障周期的能量分布变化较大，不同负载在正常运行和发生电弧故障时能量分布范围相互重叠，实验证明即使是同一负载在不同时刻发生电弧故障时信号样本也存在一定差异。因此，基于小波能量

的分析方法仅能提取故障电弧发生时的能量分布特征,但难以单纯通过这些特征准确辨识多种负载情况下的故障电弧。基于此,进一步利用 BP 神经网络的自学习、自适应、非线性映射及良好的泛化能力,结合小波变换获取的能量分布特征,进行故障电弧识别。小波变换后按层取 5 个周期分解能量的平均值和标准差作为 BP 神经网络的输入特征量,BP 神经网络的输出层只需要一个节点,使该节点的输出值范围是 0～1。为了使 BP 神经网络训练时有一定的寻优空间,将样本的期望输出值进行相应转换。在进行故障电弧辨别时,如果输出节点的输出值范围是 0.5～1,则判定为故障电弧;如果输出值范围是 0～0.5,则判定为正常运行。

为了提高人工神经网络训练收敛速度,对 BP 神经网络进行训练前,使用粒子群优化(Particle Swarm Optimization,PSO)算法对神经网络权值及阈值的初始值进行寻优,得到一组神经网络的权值及阈值的最优解,同时在 BP 神经网络中引入自适应调整学习率更新权值和阈值。神经网络有 10 个输入节点,数据输入网络前,使用最大最小法做归一化处理以消除同一类型负载在不同功率下的影响,神经网络模型整体结构如图 7-1 所示。

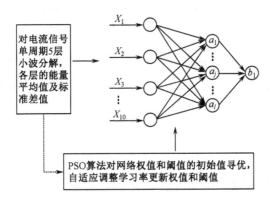

图 7-1 故障电弧辨识神经网络模型框图

验证该故障电弧检测方法时，对 6 种典型负载在正常运行和产生电弧故障时各采集 40 组电流采样数据。随机选取其中的 30 组加入神经网络训练集，其余 10 组作为测试集，即神经网络训练集共包含 360 个样本，测试集包含 120 个样本。使用训练集样本训练构造的 BP 神经网络进行训练，设定训练结束的条件为训练集所有样本中最大误差小于 0.05，训练 10 000 次后结束，得到训练集训练完成后神经网络的输出结果。将测试集样本输入训练好的神经网络，测试集样本的测试准确率达到了 95%以上。该故障电弧辨识方法取得了较高的准确率，为发生电弧故障时电流信号的特征判据选取及故障电弧检测算法的编写提供了重要参考。

7.2 基于电流信号及支持向量机的负载识别和故障电弧检测方法

针对现在民用负载类型越来越复杂的情况，比如一些电力电子负载及多工作状态的负载，为了提高故障电弧检测的准确率并简化故障电弧的识别算法，文献[112] 提出了一种根据电流信号主成分分析及支持向量机（Support Vector Machine，SVM）的串联故障电弧检测方法。这一检测方法在负载识别的基础上，结合负载对电流的影响，进而完成故障电弧的检测。

7.2.1 故障电弧电流特征提取

负载类型多种多样，但是从负载的电流波形及电压和电流波形的关系看，具有类似波形的负载应该具有类似的特性，在负载识别时可划为一类。因此，该方法选取了表 7-2 列出的负载进行分析和研究，其中除了灯泡为线性负载外，其他 3 种均为非线性负载。

表 7-2 选取的典型负载与功率

序 号	负 载	功率/W	类 型
1	灯泡	100	阻性
2	LED 灯	5	电力电子负载
3	电风扇	20	电机负载
4	电烙铁	50	多工作状态负载

与其他方法类似，首先采集几种负载在正常工作状态和发生电弧故障时的电流波形，其中电烙铁正常工作时有加热模式及温度保持模式两种，因此需要检测这两种工作模式下发生电弧故障时的电流波形。对电流波形时域上进行的分析包括最大滑差（Maximum Slip Difference，MSD）、电流"零休"时间（Zero Current Period，ZCP）和最大欧式距离（Maximum Euclidean Distance，MED）。此外，还需要对电流信号进行频域分析，得到电流信号前 9 次谐波的频谱信息。为了减少计算量，提高检测效率，利用主成分分析（Principal Component Analysis，PCA）方法处理电流的时域和频域信息以减少维度并保留主要信息成分。基于 SVM 建立负荷识别和串联电弧检测的综合模型，在进行电弧检测时，首先使用 BP 神经网络和支持向量机对电流波形信息进行训练并完成负载识别，进而根据建立的电弧检测综合模型进行故障电弧判断。当发现新的负载时，利用采集的电流信号再次训练得到其特征以利于进行故障电弧检测。基于主成分分析及人工智能算法的负载识别与故障电弧检测流程图如图 7-2 所示。

产生电弧时，线路电流呈现随机性特点。对线路电流进行时域分析时，使用 MSD 来表征电流的突然变化，MSD 的数值既可以很好地反映出高次谐波，又可以反映"平肩"起始时刻和结束时刻的电流变化，MSD

的计算如式（7-1）所示。滑差窗口的大小为10个采样点对应的时间。

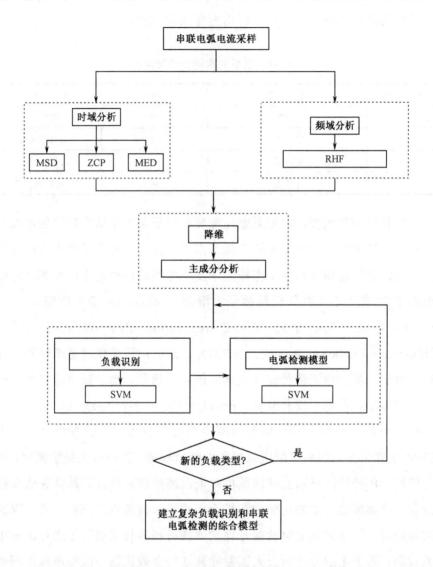

图 7-2 基于主成分分析及人工智能算法的负载识别与故障电弧检测流程图

$$\mathrm{MSD} = \max \left| \left(\sum_{i}^{i+4} I_i - \sum_{i+5}^{i+9} I_i \right)/5 \right| \qquad (7\text{-}1)$$

式中，$i=1,2,\cdots,n\text{-}9$，I_i 为第 i 个采样点的电流值。

计算波形的 ZCP，取采样电流的绝对值，并将最大值的十分之一作为阈值。为了确保计算的一致性，以 5 个采样周期中的最大值计算阈值，即电流变化在 5 个周期内均小于其最大值的十分之一，则认为采样值对应的时间在 ZCP 内。

由于电弧的随机性，相邻周期的波形很难保持严格的周期性。因此，选择最大欧氏距离（MED）作为特征量来测量相邻周期的相似性，MED 的计算方法如式（7-2）所示。

$$\mathrm{MED} = \max \sqrt{\sum_{i=1}^{k}(I_i^T - I_i^{T+1})^2} \quad (7\text{-}2)$$

式中，T 表示周期数，其取值为 1、2、3、4。MED 越大，表示相似性越差，一般线路中发生电弧故障时 MED 的值要远大于正常工作时的 MED 值。

对线路电流进行频域分析，可以准确地获取频谱信息，主要目的在于得到前 9 次谐波对应的幅值。如果采样频率为 100kHz，则进行傅里叶变换后，频率分辨率为 10Hz。发生电弧故障时，负载不同谐波含量也不会相同。一般发生电弧故障时，灯泡等电阻类负载基波含量将减小，谐波含量增加，LED 灯负载则是偶次谐波含量增加明显。

7.2.2　负载识别和故障电弧检测

PCA 是统计学中的一种方法，通过正交变换将一些线性相关变量变换为线性无关变量，这样可以减少特征数据维数。在对负载电流进行频域和时域分析后，可得到 12 个参量，分别为 MSD、ZCP、MED 及包括基波在内的前 9 次谐波的频谱信息。利用 PCA 对上述 12 个特征信息进行变换，将 12 个维数信息变为 3 个维数信息。

随后使用 BP 神经网络进行训练，不断优化参数，得到负载识别模型。为了提高训练速度，提高识别准确率，可进一步利用 SVM 进行负载识别。在完成负载识别的基础上，根据负载识别结果及电流特征，进一步得到故障电弧的检测模型。在表 7-2 所列负载及工作模式下，利用该方法，故障电弧检测准确率达到了 99.3%，负载识别准确率达到了 99.1%，取得了满意的识别效果。但是利用此类机器学习和训练进行故障电弧的识别方法，需要学习和训练更多类型负载的电流数据，以保证故障电弧检测的准确率。由于一些数字信号处理器（DSP）已经植入了 SVM 算法，接下来应进一步研究利用 DSP 实现负载识别和故障电弧检测方法，同时用更多种负载进行验证。

7.3　基于供电电压波形分析的故障电弧检测方法

传统的故障电弧检测方法是使用电流波形进行判断，但许多负载在正常工作时电流也会产生类似电弧的特性，容易引起误判，文献[113]提出了一种利用负载的供电电压波形检测串联故障电弧的方法。因为当发生电弧故障时，电弧熄灭前后电弧两端的电压波形会出现明显的上升过程，同时线路电流的高频分量会增加。而由于供电电压并非理想的电压源，其内阻不会为零，因此产生电弧时，电流的高频分量也同样会引起供电电压出现高频分量，同时电弧在产生和熄灭瞬间，电弧两端电压都有一个明显的上升脉冲，即在一个电压周期存在两个电压脉冲，这两个电压脉冲对供电电压波形会产生相应的影响。基于这一特点，通过采集电源电压的波形信号，并对电压信号进行分析可检测故障电弧。

首先，对供电电压信号进行带通滤波，带通滤波器带宽范围为 3～

30kHz（即60～600倍基波频率）。在电压过零点前后，分别设置左侧时间窗口和右侧时间窗口，时间范围为电压波形最高点至过零点之间的时间，电压过零点左侧的时间为左时间窗口，右侧为右时间窗口。计算左侧时间窗口和右侧时间窗口经过带通滤波器的瞬时电压能量值，计算公式分别为式（7-3）和式（7-4）。

$$E_L[k]=\sum V^2_{\text{filt,L}}[n] \quad (7\text{-}3)$$

$$E_R[k]=\sum V^2_{\text{filt,R}}[n] \quad (7\text{-}4)$$

式中：$E_L[k]$——第 k 个供电电压周期的左侧时间窗口的瞬时能量值；

$E_R[k]$——第 k 个供电电压周期的右侧时间窗口的瞬时能量值；

$V^2_{\text{filt,L}}[n]$、$V^2_{\text{filt,R}}[n]$——左侧时间窗口、右侧时间窗口的第 n 次采样值的平方。

其次，计算相邻电压周期的左侧时间窗口和右侧时间窗口能量值的差值$\Delta E_L[k]$和$\Delta E_R[k]$，计算公式分别为式（7-5）和式（7-6）。

$$\Delta E_L[k]=|E_L[k]-E_L[k-1]| \quad (7\text{-}5)$$

$$\Delta E_R[k]=|E_R[k]-E_R[k-1]| \quad (7\text{-}6)$$

最后，利用式（7-7）计算同一供电电压周期内左侧时间窗口和右侧时间窗口瞬时能量值的差值 $E_{\text{sym}}[k]$。正常情况下，$E_{\text{sym}}[k]$接近于零，即左侧时间窗口的瞬时能量值与右侧时间窗口的瞬时能量值基本相等。

$$E_{\text{sym}}[k]=|E_L[k]-E_R[k]| \quad (7\text{-}7)$$

当发生电弧故障时，在每个供电电压周期内，$V_{\text{filt,L}}$ 和 $V_{\text{filt,R}}$ 都会增大，而干扰性负载，一般只有其中一个数值会增大，不会两者同时增大。一般负载下，$V_{\text{filt,L}}$ 和 $V_{\text{filt,R}}$ 的数值呈现无规则的变化，而一些干扰性负载，这两个变量的数值变化会呈现周期性。

图 7-3 为基于供电电压分析的故障电弧检测算法流程图。首先，采集电压数据，计算得到 $E_L[k]$ 和 $E_R[k]$，分别判断是否大于设定的阈值 $\text{noise}_{\text{thresh}}$，利用这一条件可以检测线路中的高频分量，如式（7-8）所示。进一步检测 E_L 和 E_R 在连续几个供电电压周期内的随机性，如式（7-9）所示。因为当发生电弧故障时，瞬时能量在不同供电电压周期内会有明显波动，利用式（7-9）检测到 $E_L[k]$ 和 $E_R[k]$ 大于设定的阈值 $\text{var}_{\text{thresh}}$ 时，表明瞬时能量在不同电压周期内随机性明显。最后还要检测 $E_L[k]$ 和 $E_R[k]$ 的对称性，如式（7-10）所示。当发生电弧故障时，即在同一个电压

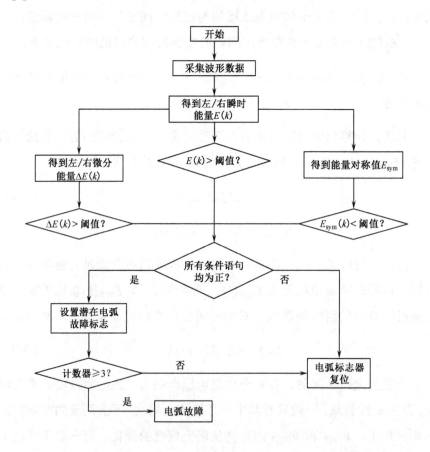

图 7-3　基于供电电压分析的故障电弧检测算法流程图

周期内，$E_L[k]$ 和 $E_R[k]$ 数值接近且变化趋势接近（两者都尖峰或没有尖峰），则 $E_{sym}(k)$ 将是一个较低数值，即 $E_{sym}(k)$ 小于阈值 sym_{bound}，如果是干扰性负载，$E_{sym}(k)$ 一般较大。

$$E_L[k] > noise_{thresh} \quad 或 \quad E_R[k] > noise_{thresh} \tag{7-8}$$

$$\Delta E_L[k] > var_{thresh} \quad 或 \quad \Delta E_R[k] > var_{thresh} \tag{7-9}$$

$$E_{sym}(k) < sym_{bound} \tag{7-10}$$

当连续三个供电电压周期内，式（7-8）～式（7-10）的条件均满足时，则认为线路中发生了电弧故障。实际上，一些非干扰性负载正常工作时，也同样满足式（7-10），但是不会满足式（7-8）和式（7-9），因此利用该算法不会将正常负载误判为故障电弧。

实验证明，在负载启动、负载突变等情况发生时，利用该检测算法不会出现判断错误。在真空吸尘器、开关电源、台式计算机和卤素灯等多种干扰性负载下进行的故障电弧检测实验同样也表明该检测算法可以准确地判断故障电弧，并不会受干扰性负载的影响。

该检测算法仅仅需要检测供电电压，而不像其他算法通过检测电流信号来检测故障电弧，也没有利用傅里叶变换、机器学习、统计分析等手段，方法简单有效。但是影响供电电压的因素很多，并不是只有故障电弧对供电电压有影响，在实际中供电电压出现骤降、波动、谐波含量增加等也是一种普遍现象，有可能会导致该检测算法出现误判，因此还需要基于该算法展开进一步的研究和完善。

7.4 基于信息维数和"零休"时间的故障电弧检测方法

电路中发生电弧故障时，线路电流会出现明显无规则变化及"零休"

时间增加等特征，据此文献[63]提出了一种基于信息维数和"零休"时间的故障电弧识别方法。

当线路中出现电弧故障时，线路电流会有"零休"时间增大、高频信号增多、电流随机性明显等特点。借助电路发生电弧故障前后电流信号的变化，可以采集电流数据，进行相空间重构，同时基于分形理论计算电流相平面图的信息维数，得到的信息维数可作为识别故障电弧的特征量之一。发生电弧故障时，线路电流的平肩会发生改变，即在每个周期电流为零的时间增多，因此以电流的"零休"时间作为识别故障电弧的第二特征量，采用非线性支持向量分类机对故障电弧二维特征量进行分类识别。

首先，对线路电流进行相空间重构，得到负载在一个周期内的电流时间序列。其中，相空间重构的基本方法是用系统某一状态变量 $x_i(t)$ 的延时变量 $x_i(t+\tau)$ 来构造一个 m 维的状态向量，不同负载在不同工况下的相平面将会出现很大差距。其中 m 维状态分量由式（7-11）表示。

$$X_i(t)=[x_i(t), x_i(t+\tau), x_i(t+2\tau), \cdots, x_i(t+(m-1)\tau)] \quad （7-11）$$

式中：τ——延迟时间；

$X_i(t)$——相空间的点，$i=0,1,\cdots,N-(m-1)$；

N——时间序列长度。

其次，采用信息维数计算电流相平面图的分形特征，对电流的相空间特征进行量化处理，得到电流的信息熵和信息维数。在不同负载类型，不同运行状况下，线路电流的信息维数和"零休"时间特征值均出现较大差异，可以用于故障电弧的检测。信息熵为

$$I = -\sum_{i=1}^{N(s)} P_i(\varepsilon) \ln P_i(\varepsilon) \quad （7-12）$$

式中：ε——进行分形维数测量时使用的格子尺度；

$P_i(\varepsilon)$——分形对象落入第 i 只盒子的概率;

$N(s)$——尺度为 ε 的格子数量。

信息维数定义为

$$D_I = -\frac{\lim\limits_{\varepsilon \to 0} I}{\ln \varepsilon} = \frac{\lim\limits_{\varepsilon \to 0} \sum_{i=1}^{N(s)} P_i(\varepsilon) \ln P_i(\varepsilon)}{\ln \varepsilon} \qquad (7\text{-}13)$$

采用像素点覆盖法计算电流相平面图的信息维数。先将分形图像二值化,得到一个 R 阶(R 为 2 的 m 次幂)的 0、1 方阵数据文件,其中元素 0 表示分形图像中轨迹所占的像素点,元素"1"表示分形图像中除轨迹以外的空白处所占的像素点。将该二值矩阵按 2^k 阶逐阶网格化,其中 $k=0,1,\cdots,m$。对该二值矩阵进行网格划分时,得到阶数为 $\varepsilon=R/2^k$ 的子矩阵个数为 $N(s)=4^k$,其中包含分形图像像素点的子矩阵个数记为 ε_k,即本次划分将得到 δ_k 个非单位矩阵。非单位矩阵中元素 0 的个数集合 $n=\{n_1,n_2,\cdots,n_k\}$,则分形图像落入每只格子的概率集合为 $P(\varepsilon)=N(\varepsilon)$。对二值图像网格化得到的总信息熵为

$$I_k = -\sum_{i=1}^{\delta_k} P_i(\varepsilon) \ln P_i(\varepsilon) \qquad (7\text{-}14)$$

在不同格子尺度 ε 下对分形图像进行划分,反复计算信息熵,得到对数序列($\ln\varepsilon_k, I_k$)。在对数坐标系下绘出该组数据点,并对该组数据点进行线性拟合与线性回归分析,得到一条线性相关直线,该直线斜率的负值即为分形图像的信息维数。

对采集到的线路电流进行计算,得到线路电流的信息维数和"零休"时间,并以此作为特征量代入径向基核函数构建的 SVM 中,径向基核函数的核参数 $\gamma=1$,训练惩罚因子 $C=2$,得到基于故障电弧检测的 SVM 模型。将不同类型电气负载在不同工况下的样本代入 SVM 模型中进行训练,可以得到很好的测试效果。

7.5 基于时域和频域特性分析及人工神经网络的故障电弧检测方法

针对负载类型不断增多，故障电弧的检测难度越来越大的问题，文献[114]提出了一种基于时域和频域特征提取与人工神经网络相结合的故障电弧检测方法。该方法首先根据负载电流波形将负载分成阻性负载、容性负载、开关类负载三种负载类型。对每一种负载类型的电流波形进行时域和频域分析，并作为人工神经网络训练的输入进行训练，这样可以简化人工神经网络的结构，降低计算复杂度，提高故障电弧识别准确度。经过实验验证，在阻性负载、容性负载和开关类负载时，故障电弧检测准确度分别达到了 99.6%、100%和 98.45%。

对阻性加热器、感性的电钻、容性风扇、属于开关类负载的计算机和可调灯在正常工作时和线路中发生电弧故障时的电流波形进行分析，得到电流的时域特征。同时对比不同负载在正常工作时和线路中发生电弧故障时的"零休"时间，尤其考虑负载为阻性时，不同的电弧强度会导致"零休"时间的不同。根据上述分析结果，得到故障电弧情况下不同负载的线路电流时域特征。

在进行频域特征分析时，利用 25kHz 的采样频率对电流进行采样，并对一个工频周期采样值进行 FFT 变换，得到电流信号的频谱特性。通过分析 0~2kHz 范围内的频谱特性，可知对于电阻性负载，基频的幅值要明显高于其他类型负载，而开关类负载（包括计算机和调光灯），负载电流的谐波占比更大。对于所有负载，发生电弧故障时，高次谐波的幅值明显高于正常工作时。定义基波幅值为 fc，三次谐波幅值为 $3rdhc$，五次谐波幅值为 5thhc，进一步定义 $fc/(fc+3rdhc+5thhc)$、$3rdhc/(fc+3rdhc+5thhc)$、$5thhc/(fc+3rdhc+5thhc)$，比较各负载在正常工作和电弧故障时上述三个数值，分析电流信号的频域特征。

发生电弧故障时，在不同负载下，线路电流信号在时域和频域上的特征有所不同，且如果对电流信号进行统计，可以得到电流信号在一个周期内的积分值 x_{ingr}、方差 x_{var}、峰度 x_{kurt}、香农信息熵 x_{shan} 等参数，这些参数在不同负载时表现出一定的变化规律，其计算公式如式（7-15）～式（7-18）所示。

$$x_{\text{ingr}} = \sum_{i=1}^{N} |x_i| \frac{1}{N} \tag{7-15}$$

$$x_{\text{var}} = \sum_{i=1}^{N} (x_i - x_{\text{mean}})^2 \tag{7-16}$$

$$x_{\text{kurt}} = \frac{\frac{1}{N}\sum_{i=1}^{N}(x_i - x_{\text{mean}})^4}{\left(\frac{1}{N}\sum_{i=1}^{N}(x_i - x_{\text{mean}})^2\right)^2} \tag{7-17}$$

$$x_{\text{shan}} = -\sum_{i=1}^{N} x_i^2 \lg(x_i^2) \tag{7-18}$$

对于电阻类负载，正常工作状态和电弧故障时 x_{var} 变化并不大，但是发生电弧故障时，x_{var} 比正常状态时要小；对于感性和容性负载，包括开关类负载，发生电弧故障时，x_{ingr}、x_{var}、x_{shan} 这三个参数将会明显减小；对于调光灯，线路中发生电弧故障时，上述三个参数变化并不明显。负载正常工作时，x_{kurt} 和 x_{shan} 这两个参数基本稳定；发生电弧故障时，x_{kurt} 和 x_{shan} 的数值将会出现随机性变化，并不稳定。

综合线路电流的时域特征、频域特征及统计分析情况，很难找到一个适合所有负载类型的阈值以区别故障电弧。因此，需要在对负载进行分类的基础上，分别找到适合某种负载类型的判断故障电弧的依据。

综合利用电流时域特征、频域特征及统计特征等信息，构建人工神经网络检测不同负载时的故障电弧,可以减少复杂计算和负载分类。因此,首先需要采集正常工作时的电流波形以进行负载分类。在实际应用中,线路不可能一直是故障电弧状态,可假定线路的初始状态是正常工作状态,此时采集线路电流并对电流进行预处理,主要包括将采集到的电流数据归一化到[-1,1]区间,之后对一个周期的电流信号进行 FFT 变换得到其频谱,并适当利用基频分量、三次谐波含量、五次谐波含量及它们之间的比例数值。在时域特征上,计算电流信号在一个周期内的积分值与"零休"时间。

负载分类时,用 v_0 表示 fc 的阈值,r_0 表示 $fc/(fc+3rdhc+5thhc)$ 的阈值以区分负载类型。通过对不同负载正常工作时进行大量的实验并对数据进行统计后得到 v_0 和 r_0,负载分类标准为:如果 $fc>v_0$,则认为负载为电阻类负载;如果 $fc \leq v_0$ 并且 $fc/(fc+3rdhc+5thhc)<r_0$,则认为负载属于开关类负载;如果 $fc \leq v_0$ 并且 $fc/(fc+3rdhc+5thhc)>r_0$,则认为负载属于容性-感性负载。

需要说明的是,这种负载的分类方法只是负载分类方法的一种,实际中可以有更简单可靠的负载分类方法,但这种分类方法对于简化故障电弧检测有一定的指导意义。

对负载分类后,设计前馈神经网络并基于梯度优化进行训练,分析电弧故障时电流的时域、频域及统计特征。前馈神经网络结构如图 7-4 所示,输入数据为 X,设定输入层与隐含层的映射关系为 $z=W^TX+b$。对于神经网络的隐含层,利用双曲线函数与自适应学习优化算法进行分析。

对于不同的负载类型,在进行故障电弧检测时,可采用不同的人工神经网络结构的参数和不同的特征变量输入。

对于电阻类负载,以 $fc/(fc+3rdhc+5thhc)$、$3rdhc/(fc+3rdhc+5thhc)$、$5thhc/(fc+3rdhc+5thhc)$ 和"零休"时间作为人工神经网络的输入,采用

四层神经网络，输入层、隐含层 1、隐含层 2 和输出层的神经元个数分别为 4、5、5、2。

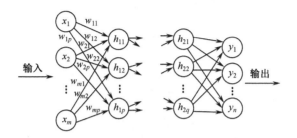

图 7-4 前馈神经网络结构

对于开关类负载，由于在正常工作和电弧故障状态时，线路电流波形都存在畸变。采用 fc、$3rdhc$、$5thhc$、"零休"时间和 x_{ingr} 作为神经网络的输入。采用四层神经网络，输入层、隐含层 1、隐含层 2 和输出层的神经元个数分别为 5、12、12、4。之所以输出层有四个神经元，是因为开关类负载包括两个，分别为计算机和调光灯，而每个负载有正常工作和故障电弧两种状态，因此输出层有四个神经元。

对于容性负载和感性负载，在正常工作状态和电弧故障时，变量 fc、$fc/(fc+3rdhc+5thhc)$、$3rdhc/(fc+3rdhc+5thhc)$、x_{ingr}、x_{var} 和 x_{shan} 均会发生明显变化。选择 fc 和 $3rdhc/(fc+3rdhc+5thhc)$ 作为神经网络的输入，可以减少神经元数量与计算复杂度。最终设计采用四层神经网络，输入层、隐含层 1、隐含层 2 和输出层的神经元个数分别为 2、5、5、4。

图 7-5 为基于时域和频域特性分析及神经网络的故障电弧检测算法流程图。利用基于 STM32F407ZG ARM 微处理器对所提算法进行了测试，结果表明在 3ms 内能完成故障电弧检测。针对电阻类负载、电容-电感类负载和开关类负载下的训练数据（分别为 2197 个、6100 个、

7500个),并分别进行了550次、1525次、1875次测试(正常状态1760次,故障电弧状态2190次),故障电弧的准确度分别达到了99.64%、100%、98.45%,达到了较为理想的检测效果。

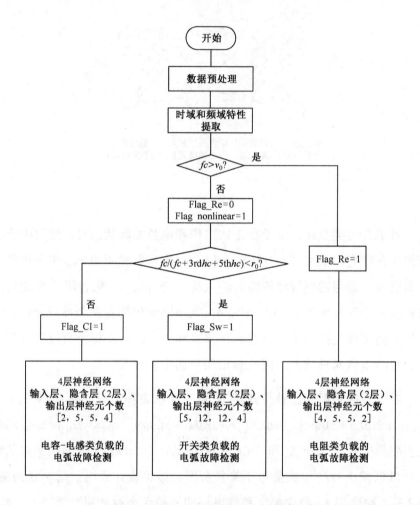

图7-5 基于时域和频域特性分析及神经网络的故障电弧检测算法流程图

7.6 一种针对光伏系统的直流故障电弧检测方法

近年来，随着光伏发电的快速发展，光伏发电系统中的直流故障电弧也不断增多，在光伏发电系统中因直流电弧导致的火灾也时有发生。文献[115]针对光伏发电系统分析了发生电弧故障时，光伏系统中直流母线电流的时频域特征，并提出了一种针对光伏系统的直流故障电弧检测方法。该检测方法采用集合经验模态分解（Ensemble Empirical Mode Decomposition，EEMD）将电流信号的故障特征熵值化，之后利用模糊C均值聚类（Fuzzy C Means Clustering，FCM）算法求出正常信号和故障信号的聚类中心，最后根据信号归一化特征向量与不同聚类中心的位置关系进行直流故障电弧检测。

经验模态分解（Empirical Mode Decomposition，EMD）吸取了小波变换多分辨率的优势，同时克服了小波变换中需选取小波基与确定分解尺度的困难，因此更适用于非线性非平稳信号分析。EMD算法根据电流信号的局部时间特征尺度，利用多次筛分的方法将复杂信号分解为若干个相对平稳的本征模态分量（Intrinsic Mode Function，IMF）之和，每个IMF分量只含一个主频率成分。在对实际信号进行分解时，EMD却存在模态混叠的问题。为解决这一问题，可以将白噪声加入待分解的信号中，补充一些缺失尺度，会得到更好的分解结果，这便是EEMD分解法的基本思路。

经EEMD分解电流采样信号后，得到若干IMF分量，但若将所有IMF分量代入算法中进行故障电弧辨识，数据量会很大。引入能够表征信号不确定度和复杂度的模糊熵算法将时间序列IMF量化，序列的复杂度越大，熵值越大。通过定义模糊熵，并求解各个 IMF 对应的模糊熵值，选取能够区分故障电弧的高频信号分量 IMF1、IMF2、IMF3 的模糊熵 e_1、e_2、e_3 构成特征向量 E。特征向量不仅在故障前后变化明显，同时可以防止使用固定频率造成的误判问题发生，因为固定频率有可能对应的是逆变器的开关频率。

FCM 算法是一种常用的聚类算法，该算法以极小化各数据点与聚类中心的欧式距离及模糊隶属度的加权和为目标，不断修正聚类中心和分类矩阵，直到符合终止准则，从而将具有类似特征的数据样本聚成一类，因此可将一组数据根据不同的特征分成若干类。在故障电弧识别中，将采集到的若干组正常状态及故障电弧状态下光伏组件直流母线的电流数据进行 EEMD 和模糊熵处理，得到两种特征向量后，使用 FCM 算法得到两种数据的聚类中心。在进行故障检测时，对采集到的直流母线电流数据处理得到特征向量，然后计算归一化熵值的特征向量与聚类中心的欧式距离，即可进行故障辨识。

光伏系统故障电弧检测方法流程图如图 7-6 所示。利用该方法可以进行故障电弧检测实验，以验证在不同工作条件与环境下该方法的检测准确性及抗干扰性能。具体实验条件包括：发生不同电弧类型（包括母线上串联电弧、组内串联电弧、组内并联电弧、组件并联电弧）时，光伏系统在不同温度和光照强度下、光伏发电系统在不同输出功率下、光伏并网逆变器在不同的开关频率下、逆变器启动及光伏在阴影遮挡下等几种情况。实验结果表明，该方法的故障电弧检测准确率除受电流太小（比如小于 2A 时）有可能发生漏判影响外，其他情况下均具有较高的故障电弧检测准确率和较强的抗干扰能力。

下面简单梳理了光伏系统直流故障电弧特征及检测方法研究的相关内容。

第 7 章 典型交直流故障电弧的检测方法分析

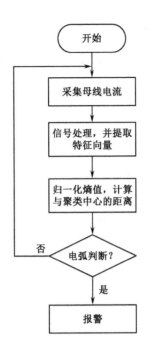

图 7-6 光伏系统故障电弧检测方法流程图

针对光伏系统的直流故障电弧，文献[116]对线路电流信号进行小波变换，通过对比分析正常工作状态及线路发生电弧故障时小波细节系数 d_1 的方差、模极大值和高频信号最大值等参数，提出了一种基于时域与频域混合判据的故障电弧的检测方法。

首先，确定发生电弧故障时电流信号的特征频带。用 1MHz 频率采样正常和电弧故障时的电流信号，由采样定理可知，可真实反映原始信号的最大频率为 500kHz。把电流信号 0~500kHz 的频带范围分为 10 个较小的频带范围，分别为 F_1、F_2、F_3、…、F_{10}。其中 F_1 对应 0~50kHz，F_2 对应 50kHz~100kHz，F_{10} 对应 450kHz~500kHz。对采样信号进行快速傅里叶变换，分别计算各个频段范围内电流信号能量值，将故障电弧和正常情况下各相应频段的能量作比，能量比最大的频带即为故障电弧的特征频带。通过实验数据对比，得到在 50kHz~100kHz 范围内，能量比超过了 40，远比其他频带范围的能量比大，当频率超过 150kHz 时，能量比反而小于 1。因此，确定发生电弧故障时电流的特征频带定为 50kHz~100kHz。

其次，选择最优小波基。对电流信号进行小波变换可以看作对电流信号的高通和低通滤波，可以得到不同尺度下电流信号的低频分量系数 a_j 和高频分量系数 d_j。但小波变换时小波基的选择上没有唯一性。通过对 bior1.5、db10、db4 这三种常用的小波基进行对比，选择最优小波基。首先选用采样频率为 200kHz 的电流采样数据，分别利用三种小波基对信号进行 4 层小波分解，得到频带范围为 50kHz~100kHz 的小波细节系数 d_1，计算故障电弧状态下与正常状态下能量比，具有最大能量比的小波基即是最优小波基。根据实验结果，确定了 db4 小波基为最优小波基。

最后，计算基于小波细节系数 d_1 的方差，并设定方差判据。得到小波细节系数 d_1 后，进一步对多组电流采样信号进行小波分解，并得到多组电流采样信号的小波细节系数并计算多组电流采样信号的小波细节系数方差 $D(d_1)$。方差主要衡量工作线电流与平均电流的偏离程度，其计算公式如式（7-19）所示。

$$D(d_1) = \frac{1}{N}\sum_{i=1}^{N}(d_1(i) - \overline{d_1}) \qquad (7\text{-}19)$$

因为正常工作时，电流信号周期性较好，小波细节系数一般比较小，而发生电弧故障时，尽管频率在 50kHz~100kHz 时对应信号幅值较大，但是由于电弧的随机性，各组的小波细节系数之间往往会有明显的差异。通过实验数据统计，当发生电弧故障时，$D(d_1)$ 的数值往往比正常工作状态时要高好几倍，因此可以利用 $D(d_1)$ 区分正常状态和电弧故障状态，称之为方差判据。对比电弧故障时和正常情况下的方差大小，通过式（7-20）确定方差判据动作门槛值 ξ_f。

$$\xi_f = k_f D_{\max} \qquad (7\text{-}20)$$

式中：$D_{\max}$——正常工作状态方差的最大值，可利用实验数据选取；

k_f——可靠系数，根据大量实验数据可得取 2 时具有较低的误判率。

计算小波细节系数 d_1 的模极大值，并设定模极大值判据。模极大值在故障检测中应用广泛。发生电弧故障时 d_1 的模极大值要远大于正常工作状态时 d_1 的模极大值，呈现很好的区分性，利用 d_1 判别故障电弧称为模极大值判据。通过式（7-21）确定模极大值判据动作门槛值 ξ_m。

$$\xi_m = k_m M_{\max} \qquad (7\text{-}21)$$

式中：$M_{\max}$——正常工作状态模极大值的最大值，可利用实验数据选取；

k_m——可靠系数，根据大量实验数据取 2。

故障电弧发生后，线路的电流信号高频分量的幅值将增加，同时在故障电弧发生起始时刻，线路电流的幅值将会发生改变。对电流信号高通滤波后，频带范围在 10kHz～100kHz 的信号极大值，在正常工作状态和电弧故障时有非常明显的区分。利用这一点进行故障电弧辨别，是在利用高频信号的最大值判据进行辨别。通过式（7-22）确定最大值判据动作门槛值 ξ_t。

$$\xi_t = k_t T_{\max} \qquad (7\text{-}22)$$

式中：$T_{\max}$——正常工作状态的最大值，可利用实验数据选取；

k_t——可靠系数，根据大量实验数据可取 2。

实验结果表明，小波细节系数的方差判据、小波细节系数的模极大值判据、高频信号最大值的有效性都不受负载电流大小、环境温度、光伏系统输出功率的影响。在实际中，单独利用这三个判据都有可能存在误判问题的发生。为了综合利用这三个判据的优点，利用式（7-23）计算故障电弧特征分值，当特征分值超过 75 时，认为发生了电弧故障，否则认为是正常状态，式（7-23）是一种混合判据的表达公式。

$$S = \begin{cases} 0, & S_t = 0 \\ [F_t F_f F_m] \begin{bmatrix} S_t \\ S_f \\ S_m \end{bmatrix}, & S_t = 1 \end{cases} \quad （7\text{-}23）$$

式（7-23）中，$F_t=50$，$F_f=25$，$F_m=25$。S_t、S_f、S_m 分别为高频信号最大值判据结果、方差判据结果和模极大值判据结果。当符合高频信号最大值判据时，$S_t=1$，否则认为正常工作，$S_t=0$；当符合方差判据时，$S_f=1$，否则认为正常工作，$S_f=0$；当符合模极大值判据时，$S_m=1$，否则认为正常工作，$S_m=0$。当 S 的计算结果大于 75 时，则认为线路中发生了电弧故障，否则认为线路处于正常工作状态。

利用混合判据进行故障电弧的检测，进一步提高了检测的准确性和可靠性。利用混合判据，物理概念清晰，且检测的可靠性较高，为故障电弧检测装置的研制奠定了理论基础。

7.7 基于时域和时频域分析的小波变换直流故障电弧检测方法

为了提高故障电弧检测的有效性并防止误动作，文献[98]对故障电弧的电气特性进行了实验研究，测试了在不同线路电流（3～25A）、供电电压（50～350V）、电弧间隙（0.1～0.4mm）时电弧的伏安特性，并提出了一种利用电流的时频域特性来检测直流故障电弧的算法，可有效防止将负载变化误判为故障电弧。

发生电弧故障时，受电弧燃烧导致的电极材料挥发影响，线路电流

和电弧电阻将呈现无规则的波动,且波动范围明显变大。基于这一特性,选择一个合适的时间窗口,并得到时间窗口内最大电流幅值 I_{max} 和最小电流幅值 I_{min},然后通过公式 $I_{dif}=|I_{max}-I_{min}|$ 计算电流差。电弧燃烧时 I_{dif} 值较高,因此 I_{dif} 可作为直流故障电弧的一个特征。时间窗口长短的选择不是唯一的,实验表明,合适的时间窗口值范围在 5~25ms。如果线路在正常工作时突然产生故障电弧,则线路电流会突然下降。而当负载发生变化时,电流也有可能突然下降,但是负载变化前后,I_{dif} 不会发生明显的变化。因此,利用 I_{dif} 可以有效分辨是故障电弧还是负载突变。

在电弧产生过程中,由于电弧电流的混沌性及随机性,电流信号中各频率段对应的信号幅值都增加,因此小波包分解(Wavelet Packet Decomposition,WPD)可以检测直流电弧电流中各频段信号能量的增加。电流信号采样频率为 200kHz,选取时间窗口长度 10ms,使用 Daubechies 8 或 Coiflet 小波基对采样电流信号进行 2 层小波包分解,可以得到 4 个频带范围的小波系数,4 个频带范围分别为 0~25kHz、25kHz~50kHz、50kHz~75kHz、75kHz~100kHz。由于当发生电弧故障时,电流信号中频率在 50kHz 以下的信号幅值变化最为明显。因此,可以通过计算 0~25kHz 和 25kHz~50kHz 频带范围内信号的能量大小区分故障电弧与正常状态,计算公式为

$$e_{j,i}=\left(\frac{1}{N}\sum_{n=1}^{N}c^2_{j,n}\right)^{\frac{1}{2}} \qquad (7\text{-}24)$$

式(7-24)中,$e_{j,i}$ 表示线路电流在第 i 个时间窗口的第 j 个频带范围的能量值,称为 RMS 有效值。0~25kHz、25kHz~50kHz、50kHz~75kHz、75kHz~100kHz 分别为第 0 个、1 个、2 个、3 个频带范围。

为了克服线路电流较大时(比如大于 25A),电弧产生前后 RMS 值变化不明显,分别对两个频带范围的 RMS 值进行归一化处理。用 25kHz~50kHz 频带的 RMS 的归一化结果除以 0~25kHz 频带的 RMS

的归一化结果。发生电弧故障时,归一化后的计算结果比正常工作时明显增加,利用该结果可以作为直流故障电弧检测的一个特征。

根据发生电弧故障时的电流波动范围的增大及在 20kHz～25kHz 频率范围内信号的能量值增大这两个特征提出的基于微处理器的故障电弧检测算法如图 7-7 所示,其中采样频率为 200kHz,时间窗口为 25ms。图 7-7(a)为中断服务程序,利用中断服务程序确定时间窗口内的电流最大采样值 I_{max} 和最小采样值 I_{min},同时对采样信号进行 2 层小波分解得到相应小波系数。每当采样得到新的电流值 I_{curr} 后,判断 I_{curr} 是不是

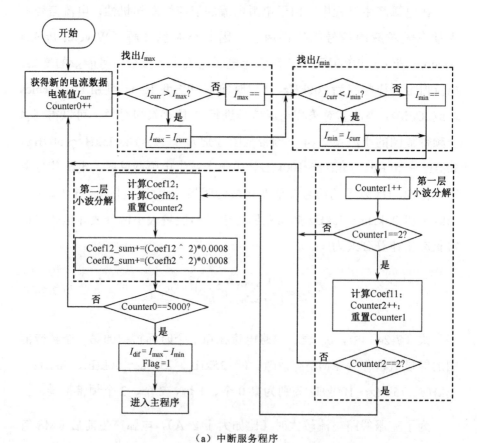

(a)中断服务程序

图 7-7 基于微处理器的故障电弧检测算法

第7章 典型交直流故障电弧的检测方法分析

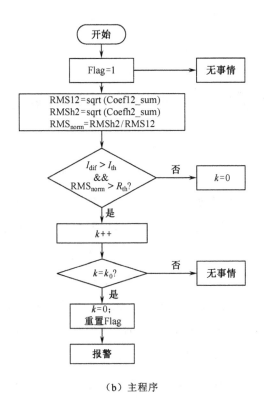

(b) 主程序

图 7-7 基于微处理器的故障电弧检测算法(续)

本时间窗口内目前为止的最大值或最小值。每采样两次利用小波变换计算一次第一层的小波系数，这种方法可以降低一半的计算量。之后进行第二次小波分解得到 0～25kHz 和 25kHz～50kHz 频段范围内的小波系数，分别为 coefl2 和 coefh2。之后计算对应能量值 coefl2_sum 和 coefh2_sum。在主程序中判断是否发生了电弧故障，如图 7-7(b)所示。当 I_{dif} 和 RMS_{norm} 两个特征值分别大于其设定阈值 I_{th} 和 R_{th} 时，则认为在该时间窗口中存在电弧，则电弧事件计数器 k 加 1，如果在特定的时间内，k 超过阈值 k_0 时，则认为发生了电弧故障并发出报警信号。

本故障电弧检测方法经实验验证，可以有效检测直流故障电弧，并具有较强的防止误动作的能力。

7.8 一种基于机器学习的直流串联故障电弧诊断方案

文献[105]提出了一种基于机器学习的直流串联故障电弧智能诊断系统，并称之为 IntelArc 系统。该系统基于隐马尔可夫模型（Hidden Markov Model，HMM），提取电流信号的时域和时频域特征进行故障电弧诊断。HMM 是一种统计分析模型，可描述一种含有未知状态的过程且该反映过程的数据是混杂的。HMM 已经在文字识别、语音识别、行为识别及故障诊断等方面得到了广泛应用，其主要优点在于非常适合检测非稳态信号，因此在辨别含有大量瞬变信号的故障状态时有明显优势，而产生电弧时，线路电流里往往存在大量的瞬变现象。HMM 还提供了最大似然对数（Log Likelihood，LL）来评估故障发生的概率，而利用人工神经网络往往只能得到二元分类，即要么是故障，要么不是故障。

图 7-8 是 IntelArc 故障电弧检测方法总体框图。对电流采样后，对以 50ms 为一个时间窗口的电流采样值进行特征提取，并应用于训练好的 HMM 模型中进行状态识别，输出工作状态的概率值，最后根据输出的概率值判断是否发生电弧故障。

对电流信号进行特征提取时，利用离散小波变换处理电流采样值，可得到小波系数。小波系数包括体现信号高频带特征的细节系数和低频带的近似系数。在不同的电路系统，通过高斯混合模型（Gaussian Mixture Model，GMM）可以对每个系数的动态特性进行评估，进而选取合适的特征。结果表明，当采样频率为 20kHz 时，选用小波分解后 1 层、2 层、3 层的近似系数可以作为故障电弧检测的特征参数；同时小波分解后 1 层、2 层的细节系数也可以作为故障电弧检测的特征参数，最终可确定电流信号的 6 个特征参数对每个 HMM 进行训练。6 个特征变量分别为：利用小波变换对电流信号分解得到的 1、2、3 层小波近似系数、通过小波分解得到的 1、2 层小波细节系数、移动的电流平均值。移动电流平均值是每隔 50ms 对电流采样值计算一次的平均值，即为移动电流平均值，并将其作为电流信号的时域特征参数。利用移动电流平均值能够限制直流纹波对测量的影响，大部分高频噪声也能被去除。该特征是对小波变换系数的补充，因为在正常工作状态和电弧故障时两者是不同的。

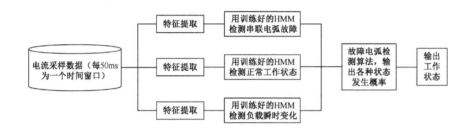

图 7-8　IntelArc 故障电弧检测方法总体框图

利用提取的 6 个特征向量分别训练三种 HMM。每个训练过的 HMM 输出最大似然对数，检测算法通过最大似然对数的大小去判断系统状态。这三种 HMM 分别对应辨别稳定工作状态、负载突变状态和串联故障电弧状态。HMM 的隐藏状态和混合成分的数量如表 7-3 所示。IntelArc 系统选用这三种训练好的 HMM 对电流信号特征分析，辨别工作状态。对于稳定工作和故障电弧状态的辨别，具体实现时以 10ms 作为滑动时间窗口，40ms 为重叠时间窗口，共计 50ms 作为一个时间窗口的电流数据，应用训练好的 HMM 去辨别，相当于每隔 10ms 判断一次。对于负载突变状态的辨别，具体实现时提取连续 50ms 时间窗口内的电流数据，由对应的 HMM 辨别，相当于每隔 50ms 判断一次，没有重叠时间窗口。10ms 滑动窗口的使用有利于检测间歇性电弧事件，增加了在较短的时间内检测到故障电流变化的概率。

表 7-3　HMM 的隐藏状态和混合成分的数量

HMM 模型	隐藏状态的数量	混合成分的数量
稳态工作状态	10	10
负载突变状态	4	4
串联故障电弧状态	6	6

利用 HMM 的故障电弧检测算法流程图如图 7-9 所示。实验结果表明，基于 HMM 的 IntelArc 系统，能够准确地识别系统的稳定工作状态、

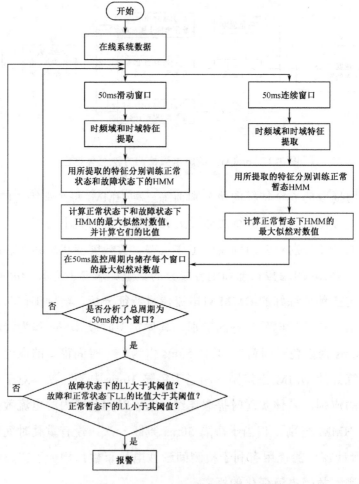

图 7-9　利用 HMM 的故障电弧检测算法流程图

负载突变状态和串联故障电弧状态。实际上这种方法依然需要大量的数据进行学习训练，如果训练数据不够多，导致误判的可能性非常大。

7.9 本章小结

本章简要介绍了几种交直流故障电弧的检测方法，其中涉及交流电弧的检测方法有 5 种，涉及直流故障电弧的检测方法有 4 种。从这些检测方法中可以看出，小波变换、人工神经网络、支持向量机等技术在交直流故障电弧检测上已开始得到重视和应用。基于机器学习的故障电弧检测方法正在成为故障电弧检测的研究方向之一。但是要想进一步提高故障电弧检测的准确率，还应进一步加强对故障电弧特性的研究，只有完全掌握了故障电弧特性，才能准确预测故障电弧对线路电流、供电电压的影响，也才能提出针对性更强、准确率更高的故障电弧检测方法。

第8章 故障电弧检测与保护产品标准分析

当前，为了降低因故障电弧引起的火灾事故，国内外出台了多个与故障电弧检测相关的产品标准，如美国颁布的 UL—1699、国际电工委员会颁布的 IEC62606:2013 及中国颁布的 GB 14287.4—2014 和 GB 31143—2014。GB 31143—2014 技术要求与国际电工委员会颁布的 IEC62606:2013 技术要求基本一致，GB 31143—2014 结合中国供电电压和供电频率进行了部分修改。美国出台了 UL—1699B（作为光伏直流故障电弧检测产品标准），进一步规范了直流故障电弧的产品技术要求。本章将结合上述标准介绍故障电弧检测实验方法及其技术要求，方便读者在了解故障电弧检测方法基础上，进一步结合相应的实验方法及其技术要求对故障电弧检测方法进行完善，满足相关产品标准。

UL—1699 是美国标准，因此其针对的是交流 60Hz、额定电压为 120V 的应用场合，而 GB 31143—2014 和 GB 14287.4—2014 针对的是我国民用电压等级，即交流 50Hz，额定电压为 220V 的应用场合。UL—1699 规定故障电弧保护产品正常工作时最大电流不超过 30A，而 GB 31143—2014 规定最大电流不超过 63A，GB 14287.4 尽管没有规定电流等级，但是明确了功率等级为 10kW，根据供电电压 220V，并考虑到功率因数，折算成电流等级最大不会超过100A，因此上述标准针对的都是电流等级不是特别高、功率不是很大的民用场合。

8.1 相关标准的报警或保护时间要求

UL—1699 规定发生串联电弧故障后，故障电弧断路器（Arc-Fault Circuit-Interrupters，AFCI）的分断时间如表 8-1 所示。从表 8-1 看出，当测试电流为 150%额定电流时，分断时间要求略有不同。主要是根据实验情况不同要求略有不同，相关原理将在实验方法部分进行解释。

表 8-1 发生串联电弧故障时 AFCI 的分断时间

测试电流/A	额定电流 15A 的 AFCI	额定电流 20A 的 AFCI	额定电流 30A 的 AFCI
5	1s	1s	1s
10	0.4s	0.4s	0.4s
额定电流	0.28s	0.20s	0.14s
150%额定电流	0.16s	0.11s	0.1s
	0.19s	0.14s	0.1s

注：实验中，如果测试电流不是 5A、10A、额定电流或者 150%时，AFCI 的分断时间可根据本表中高一级的电流等级规定的分断时间确定，也可根据表中给出电流与分断时间关系由插值拟合方式确定。

当发生并联电弧故障或者接地电弧故障时，电弧电流有效值较大。UL—1699 规定，如果 0.5s 内有 8 个半周期内存在电弧时，AFCI 应分断，从电弧产生所在的第一个半周期开始计时。对于 60Hz 交流电，半周期可对应相位区间为 0°～180° 或 180°～360°，时间为 8.3ms；对于 50Hz 交流电，半周期时间为 10ms。如果测试中 0.5s 内产生电弧的半周期数小于 8，则需要按规定的方法重新测试 AFCI。

GB 14287.4—2014 并未像 UL—1699 那样，将串联故障电弧与并联故障电弧的动作时间分开要求。无论是发生串联电弧故障，还是并联电弧故障，对故障电弧探测器（Arcing Fault Detectors，AFD）的报警时间要求是相同的，即 1s 内发生 14 个及以上半周期的故障电弧时，AFD 应在 30s 内发出报警信号。当 1s 内发生 9 个及以下半周期的故障电弧时，不进行报警，但可用其他方式进行提示。如果线路中每秒在不多于 9 个或者 14 及以上的半周期内存在电弧时，为有效实验，记录报警时间，如果不满足上述条件，需要重新实验。

GB 31143—2014 规定，线路中发生串联电弧故障后，AFDD 的分断时间要求如表 8-2 所示。考虑到电流越大，发生电弧故障时潜在危害越大，因此该标准要求电流越大，分断时间越短。由于发生串联电弧故障时，电流有效值会有所下降，为方便测试，表 8-2 中所示电流为发生电弧故障前的电流有效值。

表 8-2 串联电弧故障时 AFDD 分断时间要求

线路电流（有效值）	3A	6A	13A	20A	40A	63A
最大分断时间	1s	0.5s	0.25s	0.15s	0.12s	0.12s

注：当施加到 AFDD 上的电流值不是表 8-2 中所规定的值时，允许分断时间根据实际实验电流上下分断时间的值采用线性内插法来确定。当使用故障电弧发生器时，AFDD 应在分断时间不超本表规定时间限值的 2.5 倍内断开故障电弧。

与 UL—1699 一样，GB 31143—2014 也对发生接地电弧故障或并联电弧故障时的分断时间做了规定，其要求如表 8-3 所示。当电流为 75A 和 100A 时，0.5s 内允许存在电弧的最大半周期数分别为 12 个和 10 个；当超过 150A 以上时，0.5s 内允许存在电弧的最大半周期数均为 8 个，这 8 个半周期在时间上可能是连续的，也可能是断续的。

表 8-3　AFDD 在 0.5s 内允许发生电弧的最大半周期数

线路电流（有效值）	75A	100A	150A	200A	300A	500A
0.5s 内允许存在电弧的半周期数	12	10	8	8	8	8

当进行故障电弧实验时，如果某半个周期内线路电流有效值不超过额定电流的 5%或者电流持续时间小于 0.42ms，无论是 UL－1699、GB 14287.4—2014 还是 GB 31143—2014 均不认为该半周期发生了电弧故障。

8.2　相关标准对故障电弧检测的主要实验方法

衡量故障电弧检测或保护装置是否能够可靠工作，不仅要衡量其是否能够准确检测出线路中的串联故障电弧或者并联故障电弧，而且还要评估装置在一些干扰性负载情况下是否能够不发生误报警或者误动作。因此 UL－1699、GB 31143—2014 及 GB 14287.4—2014 都围绕着以上目标明确了实验方法及其指标要求。对应的实验项目主要包括串联故障电弧实验、并联故障电弧实验、误报警实验及在抑制性负载、滤波器等条件下的故障电弧实验。

8.2.1　串联故障电弧实验

串联故障电弧实验的主要目的是检验故障电弧或者保护装置是否能够可靠地检测串联故障电弧并报警或分断保护。产生串联故障电弧途径主要包括：故障电弧发生器、故障电弧模拟发生装置及电缆被击穿后形成的碳化路径。UL－1699、GB 31143—2014 规定以串联碳化路径产生电弧或者故障电弧发生器产生电弧进行测试，GB 14287.4—2014 规定除可以利用串联碳化路径电弧外,也可利用故障电弧模拟发生装置进行测试。

1. UL—1699 串联故障电弧实验方法

在 UL—1699 中,串联故障电弧实验包括碳化路径电弧点燃测试和碳化路径电弧保护时间测试。串联碳化路径点燃实验是 UL—1699 针对 AFCI 规定的特有的实验项目,GB 14287.4—2014 和 GB 31143—2014 并没有规定该实验项目。

碳化路径电弧点燃测试原理如图 8-1 所示,电缆试件串联在 AFCI 与负载之间,并与火线相连,负载为阻性负载。触点 NC-1 和 NC-2、触点 NO-1 和 NO-2 分别为同一个接触器的常闭和常开触点。图 8-1 中 T1 为带中心抽头可输出 30mA、15kV 的高压变压器,测试时用其产生的高压破坏电缆试件的绝缘层以形成碳化路径。碳化路径电弧点燃测试电缆试件的制作方法如表 8-4 所示。

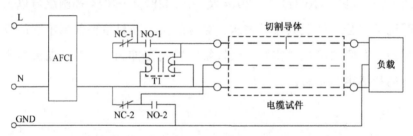

图 8-1 碳化路径电弧点燃测试原理图(火线与碳化路径相连)

表 8-4 碳化路径电弧点燃测试电缆试件制作方法

电缆型号	长度/mm	截面积/mm²	制作方法
带有绝缘外层的电缆	大于 203	无要求	将电缆两端去掉绝缘,长度大约为 25.4mm,并将该电缆中与火线连接的导线从中间切断,在切开处用两层 PVC 带包裹,同时在外面包裹两层玻璃纤维带,纤维带应在切口的中央并且完全将其电缆试件包裹

测试时，以10s为周期交替给接触器线圈供电或断电，当给接触器线圈断电时，常闭触点 NC-1 和 NC-2 处于闭合状态，T1 输出高压并将高压施加在电缆试件及负载上。经过 10s 后接触器线圈供电，NC-1 和 NC-2 打开，NO-1 和 NO-2 闭合，此时额定电压将通过接触器的 NO-1 直接加到了电缆样品与负载上。再经过 10s 后，NO-1 和 NO-2 又断开，T1 输出的高电压又将施加在电缆试件和负载上。如此周而复始，使电缆样品与负载交替施加高压和额定电压，直到 AFCI 断开。用示波器观察波形来确定断开的时刻，但是如果在施加高电压期间 AFCI 断开则认为不符合要求。在每个额定电流等级下测试 3 次，每次均使用新的电缆试件进行测试。UL—1699 还特别强调，允许对该实验电路进行修改，使电流在施加高压期间不通过负载。

在测试时，电缆试件用医用棉布松软地包裹，首先调节线路电流为 5A 时进行测试，直至 AFCI 分断保护或者棉布被点燃，之后按上述步骤调节电流至 10A、额定电流、1.5 倍额定电流时测试 AFCI 的分断保护情况，调节电流时应该确保线路中没有发生电弧故障。如果 5min 内棉布既没有被点燃，线路中也未发生电弧故障，则需要更换新的电缆试件进行重新测试，AFCI 应该在医用棉布点燃前可靠执行分断保护。

之后火线与零线交换位置，如图 8-2 所示。此时电缆试件里被切断的导线与零线串联，同样按上述的实验方法进行测试，观察 AFCI 是否能在医用棉布点燃前可靠执行分断保护。

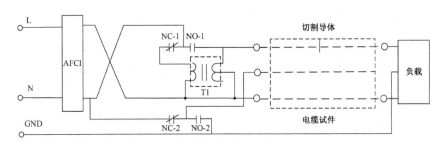

图 8-2 碳化路径电弧点燃测试原理图（零线与碳化路径串联）

碳化路径电弧保护时间测试原理图如图 8-3 所示，图中可变电阻用以调节限制线路电流。图 8-3 中的电缆试件制作方法如表 8-5 所示。

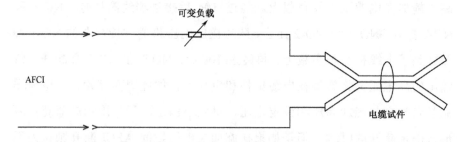

图 8-3　碳化路径电弧保护时间测试原理图

表 8-5　碳化路径电弧点燃测试电缆试件制作方法

电缆型号	长度/mm	截面积/mm²	制作方法
带有绝缘外层的 2 根导线	大于 203	1.3	将电缆中的一根导线纵向移动使这两根平行导线的两端只露出单根导线，露出长度不小于 25.4mm，并剥开其中 12.7mm 的绝缘层以利于接线方便；从每根导线非接线端开始切开绝缘层，长度约为 50.8mm，并确保切开时不损伤导线的线丝；在切口处用黑色的 PVC 绝缘带包裹两层，之后继续在外面用玻璃纤维带包裹两层

电缆试件形成碳化路径时，应提供足够高的电压和电流以尽快将电缆试件碳化，可采用以下方法：用一个可输出 7kV/30mA 的高压电源连接到电缆试件两端，持续 10s 或者试件停止冒烟；或者用一个可输出 2kV/300mA 的电源连接到电缆试件两端，持续 1min 或者试件停止冒烟。碳化后用一个 100W/120V 的白炽灯与电缆试件串联，输入额定电压时，如果白炽灯开始发光，或者电流达到 0.3A 则认为已经形成了碳化路径。

测试时，输入电压为额定电压，根据表 8-1 列出的每个电流等级分别进行三次实验，测量 AFCI 的保护时间是否符合表 8-1 的要求，每次实验均采用新的电缆试件。

2. GB 14287.4—2014 的串联故障电弧实验方法

图 8-4 为 GB 14287.4—2014 规定的串联碳化路径电弧实验线路原理示意图。将两根截面积为 $2.5mm^2$ 单芯铜导线两端去掉 2cm 绝缘,并将去除绝缘的导线部分进行铰接,使导线绝缘部分重叠 2~4mm,用绝缘胶带将铰接后的导线部分缠绕 3 周,制成电缆试件。用高压发生装置产生高压将样品绝缘击穿形成碳化路径,AFD 的额定电压(220V 交流电压)对线路及负载进行供电,产生电弧,测试时负载要求如表 8-6 所示。

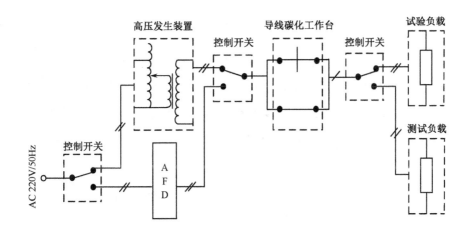

图 8-4 GB 14287.4—2014 规定的串联碳化路径电弧实验线路原理图

表 8-6 串联碳化路径实验负载要求

电弧性质		串联碳化路径电弧					
负载条件	功率/kV·A	4			额定功率		
	功率因数	1	0.7	0.3	1	0.7	0.3

注:功率允许误差为±10%。

AFD 的报警时间应满足 8.1 节中的相关要求。若实验时每秒产生的电弧数量不满足要求,则此组实验为无效实验,需重新进行实验。电弧持续时间不超过 0.42ms 或者电流值不超过额定电流值 5%的微小电弧不作为电弧统计。

与 UL—1699 相比，GB 14287.4—2014 仅给出了实验原理示意图和大致的串联碳化路径的产生方法。相对来说，没有 UL—1699 规定得具体，但是实际上已经包含了 UL—1699 中串联碳化路径产生的基本思想，即用高压将电缆绝缘击穿形成碳化路径。GB 14287.4—2014 规定的测试方法中对负载要求提高了，不仅包括阻性负载，还包括不同功率因数下的感性负载，不像 UL—1699，仅在电阻性负载下进行测试。

3. GB 31143—2014 的串联故障电弧实验方法

图 8-5 为 GB 31143—2014 规定的串联故障电弧实验电路原理图，负载为阻性负载。利用该电路进行三个实验，分别验证电路中突然出现串联电弧故障时 AFDD 是否能正确动作，接入带串联故障电弧负载时 AFDD 是否能正确动作，闭合串联故障电弧时 AFDD 是否能正确动作。

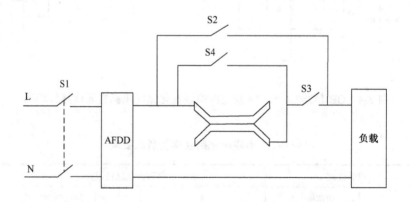

图 8-5　GB 31143—2014 规定的串联故障电弧实验电路原理

GB 31143—2014 要求的电缆试件制作方法与表 8-5 的要求基本相同，区别在于电缆导线截面积为 1.5mm^2，而表 8-5 中截面积要求为 1.3mm^2，但实际上对于测试基本没有明显影响。形成碳化路径的方法与采用表 8-5 中的电缆试件形成碳化路径的方法也基本一致。由于中美两国民用电供电电压不同，因此在 GB 31143—2014 中衡量是否形成碳化路径时，需采用 100W/230V 白炽灯与电缆试件串联，并用 230V 进行供电，如果白炽灯开始发光，则认为已经形成了碳化路径。

验证电路中突然发生串联电弧故障时 AFDD 是否可靠动作的实验方法为：将开关 S1～S4 闭合，线路电流达到稳定后，调节负载使线路电流达到 AFDD 的额定电流。之后断开实验开关 S2，突然闭合 S4，使得额定电压施加在负载与电缆试件两端，进行 3 次这样的实验，每次测量 AFDD 的分断时间，分断时间应符合表 8-2 的要求。

验证接入带串联故障电弧负载时 AFDD 是否能正确动作的实验方法为：将开关 S3、S4 断开，闭合 S1 和 S2，调整负载使线路电流到表 8-2 中的最小电流值，之后断开 S2。突然闭合 S3，使电缆试件与负载串联。按照上述进行 3 次实验，记录每次 AFDD 的分断时间，分断时间应符合表 8-2 的要求。

验证闭合串联电弧故障时 AFDD 是否能正确动作的实验方法为：将开关 S1、S2 和 S3 闭合，调整阻性负载使线路电流到表 8-2 的最小电流值，之后断开 S1，断开 S2。将 S4 断开，之后突然闭合 S1，额定电压通过 AFDD 后供给电缆试件与负载串联。按照上述步骤进行 3 次实验，记录每次 AFDD 的分断时间，分断时间应符合表 8-2 的要求。

GB 31143—2014 规定也可利用故障电弧发生器进行串联故障电弧实验，此时应将图 8-5 中的电缆试件替换为故障电弧发生器。故障电弧发生器由一个固定电极和一个移动电极组成，如图 8-6 所示，一个电极为直径 6mm±0.5mm 的碳-石墨棒，另外一个电极为铜棒，一个或两个电极的燃弧端可制成尖端。实验时，缓慢移动电极使两个电极分开一定的距离即可在电极间产生稳定的电弧。

在进行串联电弧实验时，UL—1699 和 GB 14287.4—2014 规定的实验方法中并没有用到故障电弧发生器，但在其他实验环节用到的故障电弧发生器，其构成及用其产生电弧的方法与 GB 31143—2014 基本相同。

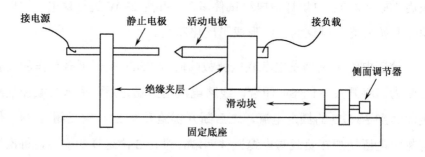

图 8-6　故障电弧发生器示意图

8.2.2　并联故障电弧实验

并联故障电弧实验主要测试线路中产生并联电弧时，装置是否能准确发出报警信号或者执行分断保护，主要通过并联碳化路径电弧实验、并联金属性接触电弧实验进行测试。

1. 并联碳化路径电弧实验

由于产生并联碳化路径电弧时，线路电流都较大，GB 31143—2014 与 UL—1699 均要求在 75A 和 100A 时进行该实验项目。

UL—1699 将该实验称为碳化路径电弧的中断测试（Carbonized path arc interruption test），其实验原理图如图 8-7 所示，其中电缆试件的制作方法如表 8-7 所示。

第8章 故障电弧检测与保护产品标准分析

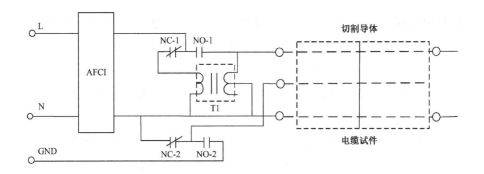

图 8-7 并联碳化路径电弧实验原理图

表 8-7 碳化路径电弧点燃测试电缆试件制作方法

电缆型号	长度/mm	截面积/mm²	制作方法
带有绝缘外层电缆	大于 203	1.3	将电缆的一端去掉 25.4mm 长的绝缘层。在电缆中部横向切割并穿过绝缘层至导线，在切口处用两层黑色 PVC 带包裹，之后在外面用再用两层玻璃纤维带包裹

实验方法为：接触器线圈不带电时，NC-1 闭合，变压器 T1 输出高压施加在电缆试件中的两个导线之间，持续时间为 10s。之后给接触器线圈供电，NC-1 断开，NO-1 闭合，则额定电压将施加在电缆试件中连接火线与零线的导线之间。重复控制接触器线圈供电断电过程，用示波器测量施加额定电压 AFCI 的分断时间，分断时间应满足 8.1 节中的相关要求，即在 0.5s 内有 8 个半周期的电弧产生时，AFCI 应分断保护。如果测试时 0.5s 内出现电弧的半周期数少于 8 个，则利用新的电缆试件重新做该实验。AFCI 不应在施加高压期间分断保护，在线路电流为 75A 和 100A 时分别用上述方法测试 AFCI。

GB 14287.4 规定的并联碳化路径电弧实验原理示意图如图 8-8 所示。在导线碳化工作台中放置电缆试件，其制作方法为：将两段截面积为 2.5mm² 的平行单芯铜导线中间部分相距 3mm 处绝缘切口，之后在切口位置用绝缘胶带缠绕 3 周,将电缆试件接入实验电路,由高压发生装置产生高压使切口部分绝缘击穿形成碳化路径,之后在线路和负载间施加额定电压,产生并联碳化路径电弧。用示波器测量 AFD 的报警时间是否符合 8.1 节中的相关要求,对图 8-8 中的测试负载要求如表 8-8 所示。需说明的是,GB 14287.4—2014 规定的并联碳化路径实验中,其线路电流要远小于 GB 31143—2014 和 UL—1699 中的规定,但是实验时的负载要求提高了,不仅包括阻性负载,还包括功率因数为 0.3 和 0.7 的感性(容性)负载。

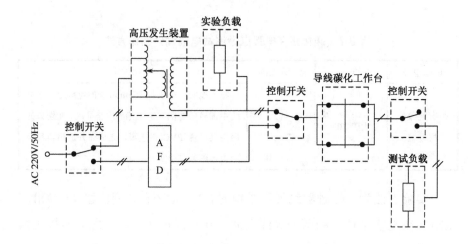

图 8-8　并联碳化路径实验原理示意图

表 8-8　图 8-8 中的测试负载要求

电弧性质		并联碳化路径电弧				并联金属性接触电弧			
负载条件	功率/kV·A	4		3		5		3	
	功率因数	1	0.7	1	0.7	1	0.7	1	0.7

注:功率允许误差为±10%。

GB 31143—2014 规定的并联电弧碳化路径实验原理图如图 8-9 所示,验证限流并联电弧时 AFDD 是否能够正确动作,图中电缆试件与图 8-5 中电缆试件的制作方法相同。

第 8 章 故障电弧检测与保护产品标准分析

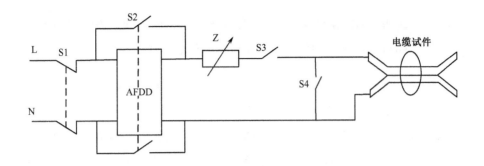

图 8-9　GB 31143—2014 规定的并联电弧碳化路径实验原理图

实验方法如下：使开关 S1~S4 处于闭合位置，通过电路中的线路阻抗 Z 调整线路电流至 75A，然后打开实验开关 S2、S3 和 S4，之后突然闭合 S3，测量 AFDD 分断时间是否满足表 8-3 的要求。之后按上述方法调整线路电流至 100A 重复实验，AFDD 的分断时间应同样满足表 8-3 的要求。如果 0.5s 内存在燃弧的半周期数量少于表 8-3 的数量且 AFDD 没有脱扣，则用新的电缆试件重新做该实验。

2. 并联金属性接触电弧实验

UL—1699、GB 14287.4—2014、GB 31143—2014 都对并联金属性接触电弧实验方法做了规定，并各自命名了实验名称。其中，UL—1699 中称为点接触电弧实验，在 GB 14287.4 中称为并联金属性接触电弧实验，在 GB 31143—2014 中称为切割电缆并联电弧实验。尽管实验名称不同，但实际上都是测试当线路中有金属将火线与零线点接触短路产生电弧时，装置是否能可靠报警或者分断保护。

UL—1699 规定的点接触电弧实验装置如图 8-10 所示，钢制刀片为 1.27mm 厚，外形尺寸为 32mm×140mm，如果需要，可以更换刀片或者进一步磨尖。刀片固定在杠杆臂上并保持一定的切割角度以达到较好的实验效果。实验时应确保刀片与电缆中的一根导线可靠连接，并与另外一根导线产生电弧接触。电缆试件应采用软电缆，其中的导线截面积为

1.3mm²，或者根据电流大小选择具有合适截面积的电缆。被试电缆的最大长度不超过 1.22m，并按照图 8-10 所示放置在刀片下方。

实验方法：在额定输入电压下，通过调节线路的电缆长度调节输出电流大小，分别调至 75A、100A、200A、300A 和 500A 进行测试，每个电流等级下应实验 3 次，每次需要更换新的电缆试件。实验时，确保刀片与电缆试件中的一根导线可靠接触，与另外一根导线点接触以产生电弧，AFCI 的分断时间应符合 8.1 节中的相关要求。

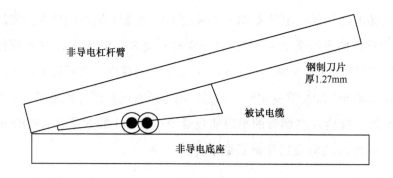

图 8-10　UL—1699 规定的点接触电弧实验测试装置

GB 14287.4—2014 规定的并联金属性电弧实验线路示意图如图 8-11 所示。该标准没有对刀片进行过多规定，只要求实验时刀片与水平面呈一定角度，并缓慢落下，使刀片与水平放置的两段平行多芯铜导线线芯接触瞬间产生电弧。标准中也没有规定两段铜导线的长度，但对所带负载做了要求，如表 8-8 所示。AFD 的报警时间应符合 8.1 节中的相关要求。

GB 31143—2014 规定的切割电缆并联电弧实验原理图如图 8-12 所示，图 8-12 中的实验装置 T2 与图 8-10 形状基本一致，区别在于刀片厚度为 3mm，比 UL—1699 的要求略厚一些。在额定电压输入下，通过调整阻抗 Z 调节线路电流分别至 75A、100A、150A、200A、300A 和 500A 进行测试。GB 31143—2014 比 UL—1699 的要求多了 150A 这个电流等级。测试开始时，S1~S4应处于闭合位置，通过调整阻抗Z调节线路电流达到测试电流值，之后将S2和S4断开，S1和S3处于闭合状态。与图8-10要求的一样，调整实验装置T2的刀片与两个导线中的一个导线紧密接触，与另外一个点接触以产生点接触电弧。AFDD的分断时间应符合表8-3的要求。

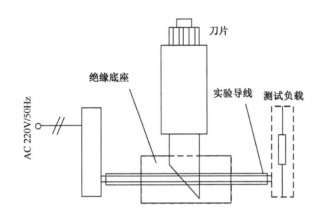

图8-11　GB 14287.4—2014规定的并联金属性电弧实验线路示意图

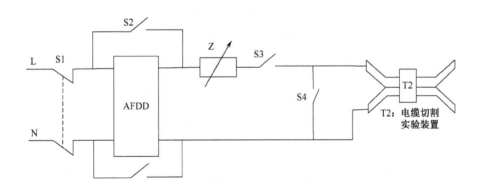

图8-12　GB 31143—2014规定的切割电缆并联电弧实验原理图

GB 31143—2014还增加了对地并联故障电弧实验，其原理图如图8-13所示，电缆试件与图8-5对应的电缆试件制作方法相同。实验方法与上述图 8-9 对应的并联碳化路径电弧实验方法相同，但是仅对电流为 3A 和 75A 两个电流等级进行测试，AFDD 的分断时间应分别满足表 8-2 和表 8-3 的要求。

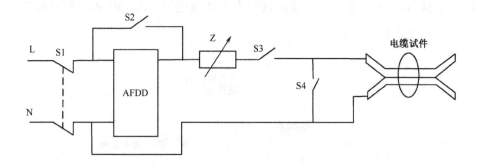

图 8-13　GB 31143—2014 规定的对地并联故障电弧实验原理图

8.2.3　误报警实验

有一些负载正常工作时电流波形中往往也存在高频分量、脉冲电流等特征，这与产生电弧时线路电流波形具有类似的特征，对准确检测故障电弧有一定的干扰，因此 UL—1699、GB 31143—2014 和 GB 14287.4—2014 均设计了误报警（或者误动作）实验。要求故障电弧检测或保护装置能够在这些具有较强干扰性的负载正常工作时，不应该发生误报警或误动作。

UL—1699 称之为误脱扣测试（Unwanted tripping test），要求当一些干扰性负载正常运行时，AFCI 不应分断保护。如果产生了误动作，则需要连续测试 5 只 AFCI，并且不能发生误动作，才认为该项测试是合格的。

UL—1699 确定的干扰性负载条件包括 5 大类，分别为带有脉冲电流特征类的负载、正常工作时有电弧的负载、非正弦电流波形的负载、相互干扰的负载、多种负载类型并联、灯泡烧毁等条件下的负载。UL—1699 规定的误动作实验时的负载及对应的实验方法如表 8-9 所示，这些负载实验装置如图 8-14 所示，基座和杠杆臂的长度约为 48 英寸（1220mm），由木材或类似材料构成。灯座应固定在距设备铰接端约 30 英寸（762mm）的杠杆臂上为屏蔽负载（Masking loads）。

表 8-9　误动作实验的负载种类及实验方法表（UL—1699）

类　型	设备名称	负载功率、运行方式及实验方法
1. 浪涌电流	电容器启动电动机（空压机型）	带载启动时，最大启动电流峰值为 130A±13A（压缩机在气缸无气压的情况下启动），运行 1min 后停止，重复 5 次
	钨丝灯负载	1000W（150W 4 盏、100W 4 盏）；采用控制开关，分别在导通角为 30°、60°、90° 情况下接通电路或者随机接通电路 60 次；在 90° 接通电路时，线路脉冲电流不得超过 100A，每次通电之前灯泡冷却 1min
2. 正常操作电弧	吸尘器（带通用电动机）	满载额定电流 10.8～12A；启动并运行 1min 后用吸尘器开关关闭，重复 5 次；通过吸尘器插头插拔控制运行 1min 后关闭，重复 5 次
	双金属电器（如电熨斗、平底煎锅或类似电器）	额定功率为 1200W±10%；连续工作 4 小时内通过调节温控器使其接通和关断至少 25 次；1min 内 10 次迅速移动和摇晃并放回原位置
	钨丝灯负载	（1）1000W（150W 4 盏、100W 4 盏）；分别用正常和较小的力控制通用按动开关，使负载供电和断电 10 个周期；每分钟 6～10 次，灯泡不需冷却 （2）在 15 A、120 V 的额定负载条件下循环 30000 次运行，其中电阻负载 10000 次，负载功率因数为 75%～80%时 10000 次，钨丝灯负载 10000 次
	电子变速手电钻	额定电流 5～7A；空载最大转速下连续运行 24 小时，10s 内在空载状态下转速从最低到最高，再从最高到最低，持续 1min

续表

类型	设备名称	负载功率、运行方式及实验方法
2. 正常操作电弧	吊扇速度控制器（电容式，带旋转开关）	额定电流 1.5A；每 10s 内开关从关闭到最大，然后再到关闭，持续 1min
	空气净化器（静电集尘、紫外线杀菌）	功率控制开关调到最大，模式控制开关在"ON/GP"（电源+紫外线灯）处，启动并运行 1min 后关闭，重复 20 次；测试在控制开关位于"OFF"位置（没电+无紫外线灯）时重复 20 次
3. 非正弦波形	电子灯光调节器（晶闸管型）控制钨丝灯	（1）用包含滤波线圈的 1000W 电子灯光调节器控制 1000W 钨丝灯负载（150W 4 盏、100W 4 盏）；分别在导通角为 60°、90°、120°及最小接通状态下点亮，每次通电之前灯泡需冷却 1min （2）用不包含滤波线圈的 600W 电子灯光调节器控制 600W 钨丝灯负载（150W 2 盏、100W 3 盏），重复上述实验
	手电钻	采用电子变速手电钻，额定电流为 5~7A；在空载条件下，每 10s 转速均匀地从最小到最大再到最小，持续 1min
	电子开关电源（一个或多个）	负载电流至少 5A；最小总谐波畸变率（THD）为 100%，单独 3 次、5 次、7 次谐波最小畸变率分别为 75%、50% 和 25%，电源打开 1min 后关断
	荧光灯+阻性负载	2 个 40W 荧光灯加 5A 阻性负载，冷态下启动并至少运行 10s
4. 交叉干扰	两个分支电路	（1）使用 14 AWG（2.1mm²）铜质 THHN 导线在同一金属线槽中安装两个分支电路并连接至同一未接地导体，一个接 AFCI 保护，另一个不接 AFCI 保护（但有常规过电流保护）；管道长 7.62m 并接地，与导体紧密贴近。在没有 AFCI 的线路中使用点接触式产生电弧时（仅在 150 A 时除外），有 AFCI 保护的线路不应跳闸 （2）使用 14 AWG（2.1mm²）铜质 NM-B 型电缆安装，每隔 1.22m 用一根钉子固定电缆，其余与（1）一致
5. 复合负载	电子变速手电钻、荧光灯+阻性负载	在 AFCI 总负载电流等于 AFCI 额定值条件下重复序号 3 非正弦波形中电子变速手电钻、荧光灯+阻性负载的实验；其中达到额定电流所需的附加负载应为电阻性负载
6. 灯烧毁	A 型白炽灯	100 W 灯泡安装在如图 8-14 所示的灯座中并在受 AFCI 保护的电路中通电；杠杆臂角度提升到大约 20°并开始下降，重复此操作直至灯烧毁；允许在高于额定电压的情况下对灯进行几分钟的预处理，以促进在额定电压下灯烧毁。实验重复 3 次，AFCI 不跳闸

第 8 章　故障电弧检测与保护产品标准分析

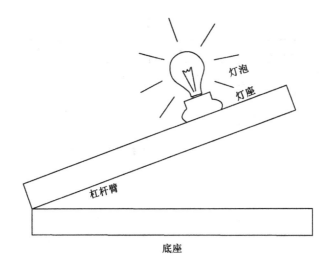

图 8-14　灯泡烧毁条件下实验装置

GB 14287.4—2014 也规定了 AFD 误报警实验时的负载及相应的实验方法，如表 8-10 所示。

表 8-10　误报警实验的负载种类及实验方法（GB 14287.4—2014）

序　号	设备名称	功　率	运行方式及实验方法
1	电容启动式电动机	2200W	空载情况下随机启、停 2 次，实验时间 10s
2	吸尘器	1200W	开启后，通过调节调速旋钮使吸尘器速度从最低到最高，再从最高到最低往复 5 次，实验时间 10s
3	电磁炉	2000W	1800W 挡位下启动并运行，实验时间 10s
4	微波炉	1100W	在高火模式下，启动并运行，实验时间 10s
5	电熨斗	1100W	通过调节温度控制旋钮，使控温触电接通和分断 10 次，实验时间 60s
6	电子变速手电钻	800W	使手电钻在空载状态下转速从最低到最高，再从最高到最低往复 2 次，实验时间 10s
7	带有电子镇流管日光灯	36W 25 盏	冷状态下启动并运行，实验时间 10s
8	变频空调	3 匹	制冷方式下，启动并运行，实验时间 60s

181

续表

序 号	设备名称	功 率	运行方式及实验方法
9	红外线消毒柜	700W	启动并运行，实验时间 10s
10	复合负载（包括定频电冰箱、带有电感式镇流器的日光灯、计算机、定频空调）	分别为（120W、60W 2盏、300W、2匹）	空调制热方式，每间隔 5s 随机启动一种电器设备，实验时间 60s
11	其他有必要实验的设备	—	比照序号 1～10 进行

注 1：1 匹=2324W。

注 2：功率允许误差为±10%。

GB31143—2014 也规定了 AFDD 误动作实验时的负载及相应的实验方法，如表 8-11 所示。要求在表 8-11 中的每一种负载条件下，至少带电工作 5s 且至少进行 5 次启动/停止操作，AFDD 不应出现误动作。

表 8-11　误动作实验的负载种类及实验方法表（GB 31143—2014）

序 号	设备名称	功率、运行方式及实验方法
1	电容器启动电动机（空压机型）	带载（压缩机在气缸无气压）启动并运行，启动电流峰值为 65A±10%，电容器功率 2200kW
2	真空吸尘器（带通用电机）	额定电压下，启动和运行额定电流 5～7A 带有通用电机的真空吸尘器
3	手持电动工具	如 600W 以上的电钻，应预先运行 24h
4	电子灯光调节器（可控硅型）控制钨丝灯负载	用包含滤波线圈的 600W 电子灯光调节器（可控硅型）控制 600W 钨丝灯负载（或阻性负载），调节器调整到充分接通及能使灯亮的最小接通状态，并分别在导通角 60°、90°、120° 点亮灯
5	荧光灯+阻性负载	2 个 40W 荧光灯加 5A 阻性负载，启动并运行
6	卤素灯+阻性负载	电子变压器供电的 12V 卤素灯，功率 300W，外加 5A 阻性负载
7	开关电源	1 个或多个开关电源，负载电流至少 3A，最小总谐波畸变率（THD）为 100%，单独 3 次、5 次、7 次谐波最小畸变率分别为 75%、50%和 25%

从误动作实验可以看出，UL—1699规定得更加详细，GB14287.4—2014和GB31143—2014的实验项目都包含在UL—1699的项目内容内。

8.2.4 抑制性负载屏蔽实验

抑制性负载屏蔽实验主要检测在一些具有抑制屏蔽故障电弧电流信号的负载条件下，故障电弧检测或保护装置是否能可靠地检测出故障电弧，而不受这些屏蔽负载的影响。

UL—1699对多种类型的AFCI规定了相应的实验方法和要求，如线路型（Cord AFCI）、分支型（Branch AFCI）和组合型（Combination AFCI）等，其中以组合型AFCI最为严格，组合型AFCI的实验内容包含了其他几种类型的AFCI，因此本节以组合型AFCI介绍抑制性负载屏蔽实验方法和要求。

在对组合型AFCI进行抑制性负载屏蔽实验时，将图8-1和图8-2改变为图8-15和图8-16进行碳化路径电弧点燃实验。图8-15与图8-16的区别在于图8-15中电缆试件与火线串联，而图8-16中电缆试件与零线串联。图8-15和图8-16与图8-1和图8-2相比，增加了接触器2的2个常闭触点和1个常开触点。在控制电路中，接触器1和接触器2的线圈并联连接，因此它们的常开触点和常闭触点同步导通或者关断。当常闭触点接通时，变压器T1输出的高压施加在电缆试件上，通过高压让其产生碳化路径，此时额定输入电压施加在负载上。10s后给接触器线圈供电，则接触器1和接触器2的常开触点接通，将电缆试件与负载串联起来，其两端电压输入为额定电压。

当利用图8-15和图8-16进行实验时，变压器T1输出的高压仅施加在电缆试件两端。而利用图8-1和图8-2进行碳化路径电弧点燃实验时，变压器 T1 输出的高压施加在电缆试件与负载串联后的两端。除此之外，本实验无论实验方法还是对 AFDD 的分断要求均与利用图 8-1 和图 8-2 进行实验时完全相同。

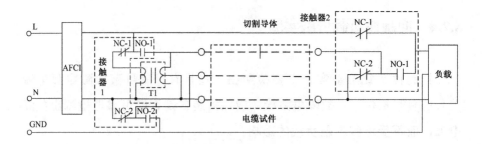

图 8-15　碳化路径电弧点燃实验（火线与碳化路径串联）

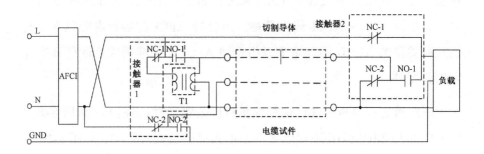

图 8-16　碳化路径电弧点燃实验（零线与碳化路径串联）

当采用屏蔽负载进行实验时，对应的实验原理图如图 8-17 所示，图 8-17 中包含了（a）～（d）共计 4 个实验电路原理图，AFCI 应分别按这 4 个实验原理图进行实验。图 8-16 中电阻性负载的电流值为 5A，当利用图 8-17（a）和（c）进行实验时，如果在电弧产生前测量屏蔽负载电流小于 5A（有效值），则不需要进行该实验。图 8-17 中故障电弧发生装置可以是故障电弧发生器也可以是碳化路径电弧实验装置，如果利用碳化路径电弧点燃实验进行测试，按照表 8-5 准备电缆试件。无论是用故障电弧发生器，还是碳化路径产生电弧，AFCI 的分断时间均应符合表 8-1 要求。

第8章 故障电弧检测与保护产品标准分析

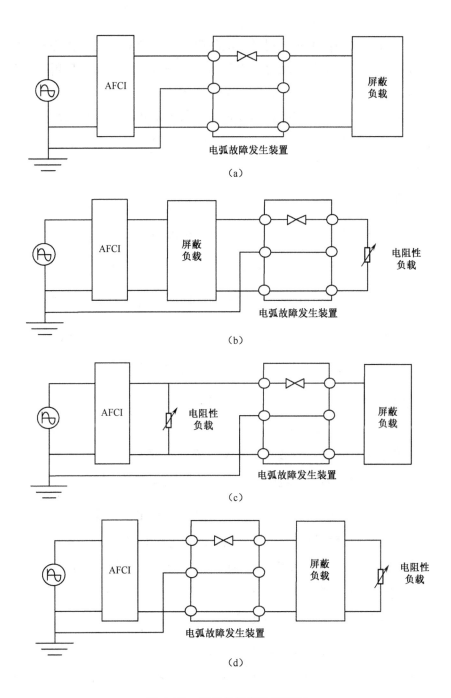

图 8-17 屏蔽负载实验原理图

对于组合型 AFCI 应分别采用故障电弧发生器和产生碳化路径的实验装置进行实验，负载启动时，确保线路中没有产生电弧。采用碳化路径电弧进行测试时，启动负载前，可用开关将碳化路径短路，当负载启动后，再将开关断开以使碳化路径电弧串入实验电路。当采用故障电弧发生器进行实验时，负载启动时故障电弧发生器的两个电极应处于连接状态。

屏蔽负载及对应的实验方法包括：

（1）表 8-9 中序号 1 中电容启动电动机及其对应的实验方法；

（2）表 8-9 中序号 2 中吸尘器及其对应的实验方法；

（3）表 8-9 中序号 3 中电子灯光调节器及其对应的实验方法；

（4）表 8-9 中序号 3 中电子开关电源及其对应的实验方法；

（5）两个 40W 荧光灯并联一个 5A 电阻性负载。

GB 14287.4—2014 对应的实验名称为负载抑制性实验，其对应的实验原理图与图 8-17（a）、(c) 和（d）相同，但是 AFCI 替换为 AFD，并规定故障电弧发生装置为故障电弧发生器。不像 UL—1699 的规定，故障电弧发生装置可为故障电弧发生器也可为碳化路径。

当采用图 8-17（a）进行实验时，屏蔽负载采用 1kW 电阻负载与表 8-10 中的带有电子镇流管日光灯并联实现。当采用图 8-17（c）和图 8-17（d）进行实验时，图中电阻功率选取 1kW，屏蔽负载及其实验方法采用表 8-10 中的最高速度下的吸尘器和制热方式下的 2 台定频空调，AFD 报警时间应满足 8.1 节中相关的要求。

GB 31143—2014 要求首先按图 8-18 进行实验，AFDD 输入为额定电压，负载为阻性负载。实验时，首先使开关 S1 闭合，之后调整电阻大小使线路电流为 3A，断开 S1。采用故障电弧发生器或者电缆试件形成碳化路径电弧，AFDD 的分断时间应符合表 8-2 的要求，测试 3 次均应满足要求。

GB 31143—2014 规定的抑制性负载屏蔽实验原理图如图 8-18 所示。与图 8-17 完全一样，电弧发生装置可以用故障电弧发生器或者利用图 8-5 中电缆试件制作方法形成碳化路径。屏蔽负载及实验方法采用表 8-13 中的 7 种负载及其对应的实验方法，在每种负载下，进行三次实验。当采用图 8-17（a）和图 8-17（c）进行实验时，电弧产生前，如果屏蔽负载的电流小于 3A，则不要求进行实验，而 UL—1699 规定屏蔽负载电流小于 5A，可不要求进行实验。

GB 31143—2014 规定，采用碳化路径方式产生电弧进行本实验时，AFDD 的分断时间应满足 8.1 节相关的要求。

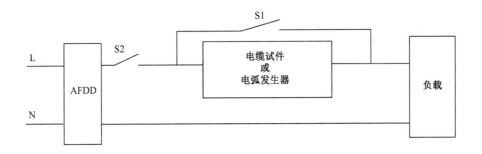

图 8-18　GB 31143—2014 规定的抑制性负载屏蔽实验原理图

8.2.5　EMI 滤波器抑制及线路阻抗抑制屏蔽实验

除了规定进行误报警及抑制性负载屏蔽实验外，UL—1699、GB 14287.4—2014 和 GB 31143—2014 都要求做 EMI 滤波器抑制及线路阻抗抑制屏蔽实验，以进一步检验故障电弧检测或保护装置的抗干扰能力。

UL—1699 规定的 EMI 滤波器抑制测试原理图 1 如图 8-19 所示。UL—1699 规定了多种类型 AFCI，其要求并不相同，但是组合型的 AFCI

要求最高,因此以组合型 AFCI 为例介绍其实验方法。图 8-19 中两个 EMI 滤波器均为 0.22μF 电容(电容 C_1 和 C_2),电容 C_1 两端为长 15.2m、截面积为 3.3mm² 的电缆。C_1 和 C_2 均通过长为 1.8m、截面积为 1.3mm² 的电缆与火线和零线相连,负载为 5A 的阻性负载。电弧发生装置可采用故障电弧发生器或者碳化路径(图 8-3 中的电缆试件及相应的方法产生碳化路径),AFCI 分断时间应满足表 8-1 的要求。电弧发生装置还应采用图 8-1 和图 8-2 所介绍的产生碳化路径的方法产生电弧,进行碳化路径电弧点燃实验,AFCI 应在包裹电缆试件上的易燃物点燃前完成分断保护。除此之外,还应利用图 8-20 进一步按照上述方法测试 AFCI,AFCI 应满足同样的分断保护时间。图 8-20 中的 EMI 滤波器电路图及参数如图 8-21 所示。

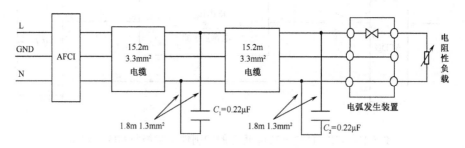

图 8-19 EMI 滤波器抑制测试原理图 1

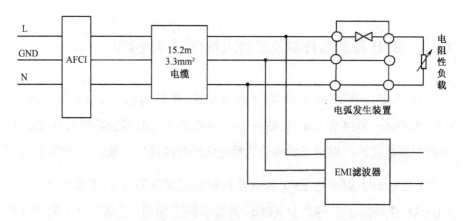

图 8-20 EMI 滤波器抑制测试原理图 2

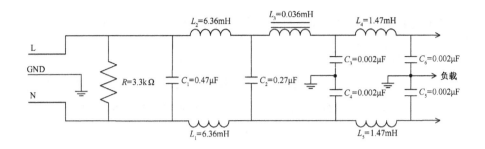

图 8-21　EMI 滤波器原理图及参数

GB 14287.4—2014 的电容滤波器抑制实验与 UL—1699 的 EMI 滤波器抑制实验相对应，其实验原理图如图 8-22 所示。阻性负载功率为 5kW，电弧发生装置采用故障电弧发生器，当产生电弧时，AFD 的报警时间应满足 8.1 节相应的要求。

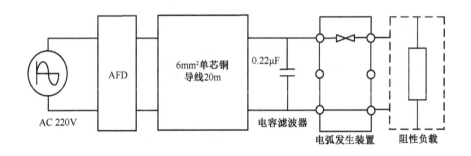

图 8-22　电容滤波器抑制实验原理图

GB 31143—2014 的 EMI 滤波器屏蔽测试原理图与 UL—1699 要求的完全相同，如图 8-19～图 8-21 所示，区别在于 C_1 两端的电缆长度和截面积略有不同。GB31143—2014 规定 C_1 两侧电缆长度为 15m，截面积为 2.5mm²。将电容 C_1 和 C_2 并联在 L 和 N 之间的导线长度为 2.0m，截面积为 2.5mm²。实验时，不需要像 UL—1699 那样进行碳化路径电弧点燃实验。电弧发生装置可采用故障电弧发生器或者碳化路径任何一种，当采用碳化路径产生电弧时，按照图 8-5 要求的电缆试件及其产生碳化路径的方法进行实验，AFDD 的分断保护时间满足表 8-2 的要求。

对于线路阻抗屏蔽实验，UL—1699、GB 14287.4—2014 和 GB 31143—2014 的实验方法与要求有着明显的不同。UL—1699 产生并联电弧进行实验，而 GB 14287.4—2014 与 GB 31143—2014 均规定采用串联电弧进行实验。图 8-23 和图 8-24 为 UL—1699 规定的线路阻抗屏蔽实验原理图，图 8-23 和图 8-24 中点接触电弧发生装置采用图 8-10 所示的实验装置。图 8-23 中火线与单根铜导线相连,该铜导线弯曲成 90°，长度为 15.2m，截面积为 2.1mm^2。图 8-24 中零线与长度为 7.62m、直径为 1.27cm、弯曲成 90° 的接地钢管相连，AFCI 的分断时间应满足 8.1 节的相关要求。

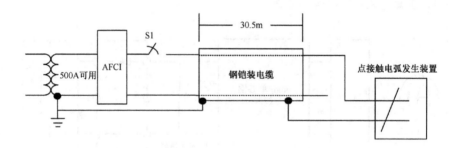

图 8-23 采用钢铠装电缆线路阻抗屏蔽实验原理图

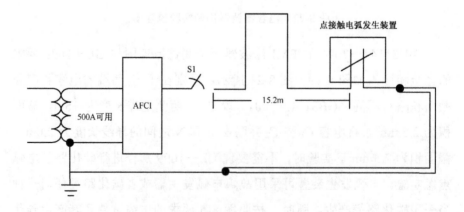

图 8-24 采用钢管的线路阻抗屏蔽实验原理图

第 8 章 故障电弧检测与保护产品标准分析

GB 14287.4—2014 规定的线路阻抗屏蔽实验原理图如图 8-25 所示，额定输入电压时电阻功率为 1kW，电弧发生装置采用故障电弧发生器，AFD 的报警时间应满足 8.1 节相应的要求。

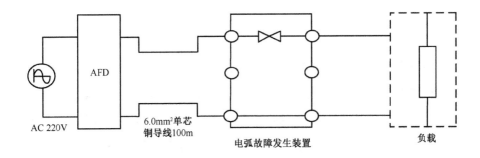

图 8-25　GB 14287.4—2014 规定的线路阻抗屏蔽实验原理图

GB 31143—2014 规定的线路阻抗屏蔽实验原理图如图 8-26 所示，AFDD 的输出与长 30m、截面积 2.5mm^2 钢铠装电缆相连。电阻负载电流为 3A，故障电弧实验装置可采用故障电弧发生器或者碳化路径产生电弧，AFDD 分断时间应满足表 8-2 的要求。

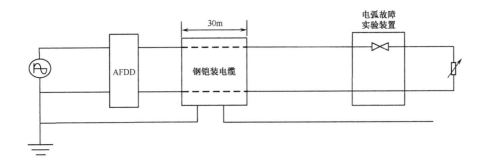

图 8-26　GB 31143—2014 规定的线路阻抗屏蔽实验原理图

8.3 本章小结

本章对 UL—1699、GB 14287.4—2014 和 GB 31143—2014 中与故障电弧检测相关的实验方法及要求进行了总结、对比和分析。通过总结和分析，读者可快速了解故障电弧检测产品相关标准的核心内容，了解产品主要功能的检验方法和技术要求。实际上对于电气设备，一般还会对产品的电磁兼容、机械强度、气候环境耐受性、电气绝缘、输入电压波动等多方面性能指标进行要求，但是这些都是电气产品的常规功能，本书中不再讨论。

参考文献

[1] 王其平. 电器电弧理论[M]. 1 版. 北京：机械工业出版社，1982.

[2] 塔耶夫 Ｈ Ｃ. 电器学基本理论[M]. 1 版. 贾继钧，张金城，译.北京：机械工业出版社，1980.

[3] 凯尔 A，墨尔 Ｗ A，维纳里库 E. 电接触和电接触材料[M]. 4 版. 赵华人，陈昌图，陶国森，译. 北京：机械工业出版社，1993.

[4] 郭凤仪，李靖. 电器学[M]. 1 版. 北京：机械工业出版社，2013.

[5] Gregory G D, Scott G W. The Arc- Fault Circuit Interrupter：An Emerging Product[J]. IEEE Transactions on Industry Applications，1998, 34(5)：928-933.

[6] 全国消防标准化技术委员会火灾探测与报警分技术委员会. GB14287.4—2014，电气火灾监控系统 第 4 部分：故障电弧探测器[S]. 北京：中国标准出版社，2014.

[7] 陈德桂. 低压电弧故障断路器——一种新型低压保护电器[J]. 电器与能效管理技术，2007(3)：7-9.

[8] 齐梓博，许开立，高伟. 低压交流故障电弧实验与数据库的建立[J]. 消防科学与技术，2014(11).

[9] USFA, "Residential Building Electrical Fires," Topical Fire Report Series, 2018，19(8).

[10] 王尧，田明，牛峰，等. 低压交流电弧故障检测方法研究综述[J]. 电器与能效管理技术，2018(10).

[11] Sultan A F, Swift G W, Fedirchuk D J. Detecting arcing downed-wires using fault current flicker and half-cycle asymmetry[J]. IEEE Transactions on Power Delivery, 1994, 9(1): 461-470.

[12] Mizuno K, Ogawa A, Ooe E, et al. Diagnostic techniques and apparatus for detecting faults in perfluorocarbon liquid immersed transformers[J]. IEEE Transactions on Power Delivery, 1996, 11(2): 909-916.

[13] Li J, Kohler J L. New insight into the detection of high-impedance arcing faults on DC trolley systems[J]. IEEE Transactions on Industry Applications, 1999, 35(5): 1169-1173.

[14] Noon R K. Engineering analysis of fires and explosions [J]. U.c.davis J.juv.l. & Poly, 2000, 134(2): 347-52.

[15] Underwriters Laboratories Inc. Arc-Fault Circuit-Interrupts: UL—1699 [S]. America, 1999.

[16] 年培新, 罗时璜, 董葆生, 等. 低压配电领域中的故障电弧防护[J]. 低压电器, 2000(1): 22-26.

[17] 罗雷, 刘晖. 新型家用电弧故障断路器(AFCI)的开发[J]. 建筑电气, 2006, 25(2): 11-16.

[18] 陈德桂. 低压电弧故障断路器——一种新型低压保护电器[J]. 低压电器, 2007(3): 7-9.

[19] 赵淑敏, 吴为麟. 建筑配电系统故障电弧的仿真与检测[J]. 低压电器, 2007(10): 38-42.

[20] 印永嘉. 关于检测低压故障电弧的研究[D]. 上海: 上海交通大学, 2007.

[21] 杨建红, 张认成, 房怀英. 基于Duffing振子信号检测的故障电弧短路监测系统[J]. 电工电能新技术, 2007(1): 64-67.

[22] 印永嘉，陈洪亮. 关于检测低压故障电弧的初步研究[J]. 实验室研究与探索，2007(8)：20-23.

[23] 中国消防标准化技术委员会，电气火灾监控系统 第四部分：故障电弧探测器：GB 14287.4[S]. 北京：中国国家标准化管理委员会，2014.

[24] 中国低压电器标准化技术委员，故障电弧保护器的一般要求：GB31143-2014[S]. 北京：中国国家标准化管理委员会，2014.

[25] IEC. General requirements for arc fault detection devices: IEC 62606 [S]. IEC, 2013.

[26] Underwriters Laboratories. Standard for Photovoltaic (PV) DC Arc-Fault Circuit Protection: UL 1699B, USA, 2018.

[27] 蔡彬，陈德桂，吴锐，等. 开关柜内部故障电弧的在线检测和保护装置[J]. 电工技术学报，2005，20(10)：83-87.

[28] Cudina M，Prezelj J. Evaluation of the sound signal based on the welding current in the gas-metal arc welding process[J]. Proceeding of the Institution of Mechanical Engineers，2003，217(5)：483-494.

[29] 蓝会立，张认成. 基于小波分析的故障电弧伴生弧声特征提取[J]. 电力系统及其自动化学报，2008，20(4)：57-62.

[30] Sidhu T S，Singh G，Sachdev M S，et al. Microprocessor based instrument for detecting and locating electric arcs[J]. IEEE Transactions on Power Delivery，1998，13(4)：1079-1085.

[31] 徐秦乐，张金艺，徐德政，等. 高精度故障电弧检测多传感器数据融合算法[J]. 上海大学学报，2014，20(2)：1-9.

[32] 周念成，周川，王强钢，等. 基于改进拉普拉斯分值的开关柜故障特征选择和诊断方法[J]. 电网技术，2015，39(3)：850-856.

[33] Kim C J. Electromagnetic Radiation Behavior of Low-Voltage Arcing Fault. IEEE Transactions on Power Delivery, 2009, 24(1): 416-423.

[34] Parise G, Martirano L and Laurini M. Simplified Arc-Fault Model: The Reduction Factor of the Arc Current, IEEE Transactions on Industry Applications, 2013, 49(4): 1703-1710.

[35] Shi L. Study of Low Cost Arc Fault Circuit Interrupter Based on MCU[J]. International Journal of Control and Automation, 2015, 8(10): 25-34.

[36] 德州仪器公司. 检测电弧故障的设备和方法[P]. 中国专利：200510103736.2，2006-03-15.

[37] Zhang S, Zhang F , Liu P, et al. Identification of Low Voltage AC Series Arc Faults by using Kalman Filtering Algorithm[J]. Elektronika ir Elektrotechnika, 2014, 20(5) :51-56.

[38] Hadziefendic N, Kostic M, Radakovic Z. Detection of series arcing in low-voltage electrical installations[J]. European Transactions on Electrical Power, 2009, 19(3):423-432.

[39] Cheng H, Chen X, Liu F, et al. Series Arc Fault Detection and Implementation Based on the Short-time Fourier Transform[C]. Chengdu, 2010 Asia-Pacific Power and Energy Engineering Conference, 2010: 1-4.

[40] Kim C H , Kim H , Ko Y H , et al. A novel fault-detection technique of high-impedance arcing faults in transmission lines using the wavelet transform[J]. IEEE Transactions on Power Delivery, 2002, 17(4): 921-929.

[41] Lai T M, Snider L A, Lo E. Sutanto. High-impedance fault detection using discrete wavelet transform and frequency range and RMS

conversion[J]. IEEE Transactions on Power Delivery, 2005, 20(1): 397-407.

[42] 孙鹏,郑志成,闫荣妮,等. 采用小波熵的串联型故障电弧检测方法[J]. 中国电机工程学报, 2010, 30(增刊): 232-236.

[43] 刘艳丽,郭凤仪,王智勇,等. 基于信息熵的串联型故障电弧频谱特征研究[J]. 电工技术学报, 2015, 30(12): 488-495.

[44] 雍静,桂小智,牛亮亮,等. 基于自回归参数模型的低压系统串联电弧故障识别[J]. 电工技术学报, 2011, 26(8): 213-219.

[45] 汪洋堃,张峰,张士文,等. 基于HHT的低压交流故障电弧检测方法研究[J]. 电器与能效管理技术, 2015(21): 1-7.

[46] Yang K, Zhang R C, Chen S H, et al. Series Arc Fault Detection Algorithm Based on Autoregressive Bispectrum Analysis[J]. Algorithms, 2015, 8(4):929-950.

[47] Yang, K, Zhang R, Yang J, et al. A Novel Arc Fault Detector for Early Detection of Electrical Fires[J]. Sensors (Basel), 2016, 16(4): 500.

[48] Chi-Jui W, Yu-Wei L, Chen-Shung H. Intelligent Detection of Serial Arc Fault on Low Voltage Power Lines[J]. Journal of Marine Science and Technology, 2017, 25(1): 43-53.

[49] Li D W, Song Z X, Wang J H. A Method for Residential Series Arc Fault Detection and Identification[C]. Vancouver, Canada: IEEE Proceedings of the 55th IEEE Holm Conference on Electrical Contacts, 2009: 8-14.

[50] 邹云峰. 低压电弧故障研究及诊断[D]. 杭州:浙江大学, 2010.

[51] 张士文,张峰,王子骏,等. 一种基于小波变换能量与神经网络结合的串联型故障电弧辨识方法[J]. 电工技术学报, 2014, 29(6): 209-302.

[52] 刘晓明,赵洋,曹云东,等. 基于多特征融合的交流系统串联电弧故障诊断[J]. 电网技术,2014,38(2): 795-801.

[53] 刘晓明,赵洋,曹云东,等. 基于小波变换的交流系统串联电弧故障诊断[J]. 电工技术学报,2014,29(1): 10-17.

[54] 杨凯,张认成,杨建红,等. 基于分形维数和支持向量机的串联电弧故障诊断方法[J]. 电工技术学报,2016,31(2): 70-77.

[55] Schwarz J. Dynamisches Verhalten eines Gasbeblasenen, Turbulenz bestimmten Schaltlichtbogens. ETZ-A, Bd. 1971(92): 389-391.

[56] Schavemaker P H, and Van der Sluis L. An Improved Mayr-Type Arc Model Based on Current-Zero Measurements [J]. IEEE Transactions on Power Delivery,2000, 15(2): 580-584.

[57] Habedank U. On the Mathematical Description of Arc Behaviour in the Vicinity of Current Zero[C]. ETZ-A, Bd. 1998: 339-343.

[58] Gregory G D, Scott G W. The arc-fault circuit interrupter: an emerging product[J]. IEEE Transactions on Industry Applications,1998,34(5): 928-933.

[59] Kim S W, Lee E D, Je D H, et al. A physical and logical security framework for multilevel AFCI systems in smart grid[J]. IEEE Transactions on Smart Grid,2011,2(3): 496-506.

[60] 全国低压电器标准化技术委员会. GB/T 31143—2014 电弧故障保护电器(AFDD)的一般要求[S]. 北京:中国标准出版社,2014.

[61] 王晓远,高淼,赵玉双. 阻性负载下低压故障电弧特性分析[J]. 电力自动化设备,2015,35(5): 106-110.

[62] 刘官耕,杜松怀,苏娟,等. 低压电弧故障防护技术研究与发展趋势[J]. 电网技术,2017,41(1): 305-313.

[63] 马少华,鲍洁秋,蔡志远,等. 基于信息维数和零休时间的电弧故障识别方法[J]. 中国电机工程学报,2016,36(9):2572-2579.

[64] 王尧,韦强强,葛磊蛟,等. 基于电弧电流高频分量的串联交流电弧故障检测方法[J]. 电力自动化设备,2017,37(7):191-197.

[65] 卢其威,巫海东,王肃珂,等. 基于差值均方根法的故障电弧检测的研究[J]. 低压电器,2013(1):6-10,13.

[66] 程红,关晓晴,郭立东. 串联电弧故障信号的时频特征分析[J]. 低压电器,2010(18):5-7.

[67] 卢其威,王涛,李宗睿,等. 基于小波变换和奇异值分解的串联电弧故障检测方法[J]. 电工技术学报,2017,32(17):208-217.

[68] 曹云东,等. 电器学原理[M]. 北京:机械工业出版社,2012.

[69] 林莘,王娜,徐建源. 动态电弧模型下特快速瞬态过电压特性的计算与分析[J]. 中国电机工程学报,2012,32(16):157-164.

[70] 任万滨,金建炳,郭继峰,等. 碳电极交流电弧伏安特性的实验研究[J]. 电工技术学报,2014,29(1):18-22.

[71] 郭攀锋,谭国俊,赵艳萍,等. 开关电源传导 EMI 抑制技术探讨[J]. 微波学报,2010,26(S2):73.

[72] 王聪,程红,卢其威,等. 串联电弧故障断路器及其串联电弧故障保护的方法:中国,200910180810.9[P].2010-03-17.

[73] Carlos E Restrepo. Arc fault detection and discrimination methods[C]. The 53rd IEEE Holm Conference,Pittsburgh,United States,2007.

[74] Gregory G D,Wong K,Dvorak R F. More about arc-fault circuit interrupters[J]. IEEE Transactions on Industry Applications,2004,40(4):1006-1011.

[75] 刘晓明,徐叶飞,刘婷,等. 基于电流信号短时过零率的电弧故障检测[J]. 电工技术学报,2015,30(13):125-133.

[76] Georgijevic N,Jankovic M,Srdic S,et al. The detection of series arc-fault in photovoltaic systems based on the arc current entropy[J]. IEEE Transactions on Power Electronics,2015,5917-5930.

[77] 缪希仁,郭银婷,唐金城,等. 负载端电弧故障电压检测与形态小波辨识[J]. 电工技术学报,2014,29(3):237-244.

[78] 张冠英,张晓亮,刘华,等. 低压系统串联故障电弧在线检测方法[J]. 电工技术学报,2016,31(8):109-115.

[79] 刘润涛,孙中喜,倪金霞,等. 基于奇异值分解的小波域灰度数字水印算法[J]. 哈尔滨工业大学学报,2009(11):193-196.

[80] 唐炬,李伟,欧阳有鹏. 采用小波变换奇异值分解方法的局部放电模式识别[J]. 高电压技术,2010,36(7):1686-1690.

[81] 李国宾,关德林,李廷举. 基于小波包变换和奇异值分解的柴油机振动信号特征提取研究[J]. 振动与冲击,2011,30(8):149-152.

[82] 赵学智,叶邦彦,陈统坚. 基于小波-奇异值分解差分谱的弱故障特征提取办法[J]. 机械工程学报,2012,48(7):37-47.

[83] 周伟. 基于MATLAB的小波分析应用[M]. 西安:西安电子科技大学出版社,2010.

[84] 冯象初,甘小冰,宋国乡. 数值泛函与小波理论[M]. 西安:西安电子科技大学出版社,2003.

[85] 戴华. 矩阵论[M]. 北京:科学出版社,2001.

[86] Stewart G W. On the early history of singular value decomposition[J]. SIAM Review. 1993, 35(4): 551-566.

[87] 项新建,林章,周律.基于小波变换的故障电弧检测方法研究[J].低压电器,2013(6):55-58.

[88] 林章.故障电弧检测的关键技术研究及断路器开发[D].杭州:中国计量学院,2013.

[89] 郭凤仪,李坤,陈昌垦,等.基于小波近似熵的串联电弧故障识别方法[J].电工技术学报,2016,31(24):164-172.

[90] 晏坤,马尚,王伟,等.基于小波分析和Cassie模型的低压串联电弧放电检测及故障保护仿真研究[J].电器与能效管理技术,2019(18):48-52,67.

[91] 吴春华,黄宵宵,李智华,等.光伏系统直流微弱电弧信号检测研究[J].中国电机工程学报,2019,39(20):6025-6033,6183.

[92] Guideline for standard voltages of medium and low voltage DC distribution system, GB/T 35727-2017, 2017.

[93] Yao X, Herrera L, Yue L, et al. Experimental Study of Series DC Arc in Distribution Systems[C]. 2018 IEEE Energy Conversion Congress and Exposition, Portland, OR, 2018: 3713-3718.

[94] Xiong Q, Ji S, Zhu L, et al. A Novel DC Arc Fault Detection Method Based on Electromagnetic Radiation Signal[C]. IEEE Transactions on Plasma Science, 2017, 45(3): 472-478, March 2017.

[95] Xiong Q. Electromagnetic Radiation Characteristics of Series DC Arc Fault and Its Determining Factors[C]. IEEE Transactions on Plasma Science, 2018, 46(11): 4028-4036.

[96] Khakpour A, Franke S, Uhrlandt D, et al. Electrical Arc Model Based on Physical Parameters and Power Calculation[C]. IEEE Transactions on Plasma Science, 2015, 43(8): 2721-2729.

[97] Georgijevic N L, Jankovic M V, Srdic S, et al. The Detection of Series Arc Fault in PV Systems Based on the Arc Current Entropy[C]. IEEE Transactions on Power Electronics, 2016. 31(8): 5917-5930.

[98] Yao X, Herrera L, Ji S, et al. Characteristic Study and Time-Domain Discrete- Wavelet-Transform Based Hybrid Detection of Series DC Arc Faults[C]. IEEE Transactions on Power Electronics, 2014, 29(6): 3103-3115.

[99] Chae S, Park J, Oh S. Series DC Arc Fault Detection Algorithm for DC Microgrids Using Relative Magnitude Comparison[C] IEEE Journal of Emerging and Selected Topics in Power Electronics, 2016, 4(4): 1270-1278.

[100] Schimpf F, Norum L E. Recognition of electric arcing in the DC-wiring of PV systems[C]. INTELEC 2009-31st International Telecommunications Energy Conference, Incheon, 2009, 1-6.

[101] Dargatz M, Fomage M. Method and apparatus for detection and control of dc arc faults[C]. U. S. Patent8179147[P]. 2012-05-15.

[102] Shekhar A, Ramírez-Elizondo L, Bandyopadhyay S, et al. Detection of Series Arcs Using Load Side Voltage Drop for Protection of Low Voltage DC Systems[C]. IEEE Transactions on Smart Grid, 2018, 6288-6297.

[103] Oh Y, Han J, Gwon G H, et al. Development of fault detector for series arc fault in low voltage DC distribution system using wavelet singular value decomposition and state diagram[J]. J. Elect. Eng. Technol., 2015, 10(3): 766–776.

[104] Wang Z, and Balog R S. Arc fault and flash detection in PV systems using wavelet transform and support vector machines[C]. 2016 IEEE 43rd PV Specialists Conference, Portland, OR, 2016: 3275-3280.

[105] Telford R D, Galloway S, Stephen B, et al. Diagnosis of Series DC Arc Faults—A Machine Learning Approach[J]. IEEE Transactions on Industrial Informatics, 2017, 13(4): 1598-1609.

[106] Lu S, Sirojan T, Phung B T, et al. DA-DCGAN: An Effective Methodology for DC Series Arc Fault Diagnosis in PV Systems[C]. IEEE Access, 2019: 45831-45840.

[107] Ammerman R F, Gammon T, Sen P K, et al. DC-Arc Models and Incident-Energy Calculations[C]. IEEE Transactions on Industry Applications, 2010, 46(5): 1810-1819.

[108] UriarteF M. A DC Arc Model for Series Faults in Low Voltage Microgrids[C]. IEEE Transactions on Smart Grid, 2012, 3(4): 2063-2070.

[109] Yao X, Herrera L, and Wang J. Impact evaluation of series dc arc faults in dc microgrids[C]. 2015 IEEE Applied Power Electronics Conference and Exposition, Charlotte, NC, 2015: 2953-2958.

[110] Hasanien H M. Shuffled Frog Leaping Algorithm for Photovoltaic Model Identification[C]. IEEE Transactions on Sustainable Energy, 2015, 6(2): 509-515.

[111] Direct current power feeding interface up to 400 V at the input to telecommunication and ICT equipment, L.1200, International Telecommunication Union, Geneva, 2012.

[112] Jiang J, Wen Z, Zhao M X, et al. Series Arc Detection and Complex Load Recognition Based on Principal Component Analysis and Support Vector Machine[J], IEEE Access, 2019, 7(12): 47221-47229.

[113] Kim J C, Neacşu D O, Ball R, et al. Clearing Series AC Arc Faults and Avoiding False Alarms using Only Voltage Waveforms[J]. IEEE

Transactions on Power Delivery, 2019, DOI 10.1109/TPWRD. 2019, 2931276.

[114] Wang Y K, Zhang F, Zhang X H, et al. Series AC Arc Fault Detection Method Based on Hybrid Time and Frequency Analysis and Fully Connected Neural Network[J]. IEEE Transactions On Industrial Informatics, 2019, 5(12): 6210-6219.

[115] 吴春华，徐文新，李智华，等. 光伏系统直流电弧故障检测方法及其抗干扰研究[J]. 中国电机工程学报，2018, 38(12): 3546-3555.

[116] 牟龙华，王伊健，蒋伟，等. 光伏系统直流电弧故障特征及检测方法研究[J]. 中国电机工程学报，2016, 36(19): 5236-5244.